Canva

ゼロから学べる！

簡単 & おしゃれな
デザインガイド

Canva公式クリエイター
はに（倉田ともか）

サポートサイト

本書で解説しきれなかったCanvaの使い方の応用編や有料プラン限定の機能についての解説は、サポートサイトからダウンロードできます。Canvaについてさらに詳しく知りたい方は、以下のURLにアクセスし、解説PDFをダウンロードしてください。

http://www.sotechsha.co.jp/sp/1344/

Windows は米国Microsoft Corporation の米国およびその他の国における登録商標です。
Mac、macOS は米国Apple Inc. の米国およびその他の国における登録商標です。
その他の会社名、商品名は関係各社の商標または登録商標であることを明記して本文中での表記を省略させていただきます。
本書に掲載されている説明を運用して得られた結果について、筆者および株式会社ソーテック社は一切責任を負いません。個人の責任の範囲内にて実行してください。
また、本書の制作にあたり、正確な記述に努めていますが、内容に誤りや不正確な記述がある場合も、当社は一切責任を負いません。
本書の内容は執筆時点においての情報であり、予告なく内容が変更されることがあります。また、システム環境、ハードウェア環境、バージョンアップ、有料・無料プランの違い等によっては本書どおりに動作および操作できない場合がありますので、ご了承ください。

はじめに

私はデザイナーとして、22年仕事をしてきました。
だからこそ、Canvaを初めて知ったとき
「こんなに簡単にデザインできるツールがあっていいの？」
と思ったのを覚えています。

でも、実際に使っていくうちに、その考えは少しずつ変わっていきました。
Canvaはただ「デザインを簡単にするツール」ではなく、
「もっと多くの人にデザインの楽しさを届けるツール」だと気づいたからです。

私は普段、Canvaの講座を通じて多くの方にデザインの楽しさを伝えています。
受講された方が「すごい！　楽しい！」「私でもこんなに簡単に作れるんですね！」と、目を輝かせる瞬間が本当に大好きです。

もう、デザインはデザイナーだけのものではありません。
1億総クリエイター時代と言われる今、誰でもアイデアを形にできる時代です。

この本では、Canvaの基本機能はもちろん、
「これ知ってると便利！」というテクニックもたっぷり詰め込みました。

デザインに苦手意識がある方も、すでにCanvaを使いこなしている方も、
「こんなこともできるんだ！」とワクワクしながら読み進めてもらえたら嬉しいです。

倉田ともか

Contents

Part 1　Canvaの使い方を基礎から学ぼう

Chapter 1-1　Canvaの基本操作　　　　　　　　　　　　8
Chapter 1-2　テンプレートの選択と適用　　　　　　　　16
Chapter 1-3　自分好みにカスタマイズする　　　　　　　19
Chapter 1-4　テキストの追加と編集　　　　　　　　　　22
Chapter 1-5　素材の追加と配置　　　　　　　　　　　　26
Chapter 1-6　素材の配置と整列　　　　　　　　　　　　35

Part 2　いろいろな素材を編集・加工しよう

Chapter 2-1　テキスト編集の便利なツール　　　　　　　42
Chapter 2-2　グラフィック素材をカスタマイズしよう　　47
Chapter 2-3　図形をカスタマイズしよう　　　　　　　　50
Chapter 2-4　写真を編集・加工しよう　　　　　　　　　54
Chapter 2-5　フレームとグリッド、
　　　　　　　グラデーションを活用しよう　　　　　　66
Chapter 2-6　素材をアップロードしよう　　　　　　　　74
Chapter 2-7　その他の便利な機能　　　　　　　　　　　78

Part 3　SNS用画像を作ろう

Chapter 3-1　デザインの新規作成　　　　　　　　　　　88
Chapter 3-2　Instagram投稿デザインのポイント　　　　 91
Chapter 3-3　CanvaからSNSに投稿する方法　　　　　　 96

Part 4　印刷物を作ろう

Chapter 4-1	印刷物のサイズの種類	106
Chapter 4-2	印刷物のデザインと保存	109
Chapter 4-3	Canvaで直接印刷注文する	117

Part 5　プレゼン資料を作ろう

Chapter 5-1	プレゼン資料の新規作成	122
Chapter 5-2	グラフ・図表の挿入	129
Chapter 5-3	効果的な動きをつける	141
Chapter 5-4	プレゼンテーションを行う	148
Chapter 5-5	プレゼンテーションを録画する	154

Part 6　動画・アニメーションを作ろう

Chapter 6-1	動画の新規作成	162
Chapter 6-2	ページの追加と整理	166
Chapter 6-3	オーディオと再生の設定	175
Chapter 6-4	アニメート効果と字幕	180
Chapter 6-5	動画のダウンロード	185

Part 7 Webサイトを作ろう

Chapter 7-1 Webサイトの新規作成 ……………………… 188
Chapter 7-2 ページの編集とリンク作成 ……………………… 191
Chapter 7-3 ページの編集 ……………………… 198
Chapter 7-4 サイトの公開と更新 ……………………… 208

Part 8 ドキュメントとホワイトボードを使おう

Chapter 8-1 ドキュメントの新規作成 ……………………… 220
Chapter 8-2 ドキュメントのダウンロードと公開 ……………………… 234
Chapter 8-3 ホワイトボードを使う ……………………… 236

Part 9 共有と共同編集を使おう

Chapter 9-1 閲覧リンク作成と権限設定 ……………………… 248
Chapter 9-2 テンプレートのリンク（👑有料プラン限定）……… 252
Chapter 9-3 その他の便利機能 ……………………… 255

Part 10 AI機能とアプリを活用しよう

Chapter 10-1 CanvaのAI機能 ……………………… 258
Chapter 10-2 アプリを活用する ……………………… 273

ショートカットキー一覧 ……………………… 298
Index ……………………… 300

Part 1

Canvaの使い方を基礎から学ぼう

1-1 Canvaの基本操作

グラフィック、ドキュメント、動画などいろいろなメディアに合わせてデザイン制作ができる「Canva」。できることがたくさんあるからこそ、基本の操作をしっかり把握しておきましょう。

アカウント作成とログイン

① ブラウザでCanvaを開く

Canvaを初めて使う方は、まずCanvaのアカウントを登録します。
ブラウザで「canva.com」または「Canva」と検索し、表示された公式サイトを開いてください。

▼公式サイトのトップページ

Point

初めてCanvaのサイトにアクセスすると、クッキー設定の画面が表示されることがあります。この場合は「すべてのCookieを許可する」をクリックして進めてください。

② アカウントを作成する

画面右上の紫色の「登録」ボタン、もしくは中央に表示される「登録して今すぐ始める」ボタンをクリックします。

どちらかをクリックします

「ログインまたは簡単登録」という画面が表示されるので、メールアドレスやID連携（GoogleやFacebookなど）を使って、Canvaのアカウントを作成します。
お好みの方法を選んで、アカウント登録を完了してください。

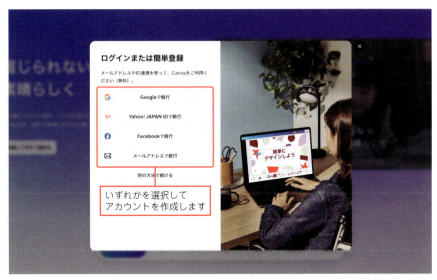

いずれかを選択してアカウントを作成します

Point

Google、Yahoo! JAPAN ID、Facebookで続行を選択した場合は、それぞれのログイン画面が新規ウィンドウで表示されます。案内に従って手続きを進めましょう。メールアドレスで続行を選択した場合は、任意のメールアドレスを登録してログインします。

▲ Googleで続行　　▲ メールアドレスで続行

ホーム画面を見てみよう

新しいアカウントを作成してログインすると、Canvaのホーム画面が表示されます。画面の中央には「ドキュメント」「ホワイトボード」「プレゼンテーション」「SNS」など、さまざまなカテゴリーが表示されており、そこから新規の編集画面を開くことができます。画面の左上にある紫色の「デザインを作成」ボタンをクリックすることで、新しいデザインを始めることも可能です。

▼ Canvaのホーム画面

「デザインを作成」ボタン
このボタンをクリックすると、デザインの種類を選ぶ画面に切り替わります。

10

❶	ドキュメント	テキストを中心にした書類作成ができるカテゴリーです。報告書や提案書など、ビジネスシーンで利用されることが多い文書形式の書類を作成する際に使用します。
❷	ホワイトボード	チームでのブレインストーミングやアイデアの整理に役立つホワイトボード形式のデザインが作成できます。リアルタイムでコラボレーションができるため、会議やワークショップなどで活用できます。
❸	プレゼンテーション	スライド形式のプレゼンテーションを作成するためのテンプレートが用意されています。視覚的な訴求力を高めるアニメーションや効果を活用して、プレゼン資料をデザインできます。
❹	SNS	Instagram、Facebook、X（旧Twitter）などの各SNSに最適なサイズとフォーマットで画像を作成するためのカテゴリーです。投稿画像やストーリーズ、プロフィール画像など、SNSで使用するあらゆるデザインがここから作成できます。
❺	動画	動画形式のデザインを作成できます。縦型、横型など、さまざまなサイズに対応しており、短いプロモーション動画やチュートリアル動画、アニメーション動画を作成したいときに便利です。Canvaで簡単に動画編集ができ、SNSへの投稿にも最適です。
❻	印刷	チラシ、ポスター、名刺など、印刷物として出力するデザインを作成するためのカテゴリーです。印刷に適した解像度とフォーマットが用意されているため、クオリティの高い仕上がりを目指せます。また、Canvaから直接印刷注文を出すこともでき、デザインから印刷まで一貫して行えます。
❼	Webサイト	シンプルな1ページのウェブサイトを作成することができます。ランディングページやポートフォリオサイトとして利用するのに適しており、デザインを完成させた後、Canvaから直接公開することも可能です。
❽	カスタムサイズ	独自のサイズでデザインを作成したい場合に使用します。幅と高さをピクセル、インチ、ミリメートル、センチメートルから指定でき、目的に応じたデザインが可能です。
❾	アップロード	自分のデバイスから画像や動画などのファイルをCanvaにアップロードし、デザインに使用することができます。オリジナル素材を使ったデザインを行いたいときに便利です。
❿	もっと見る	他にも利用できるデザイン形式や機能が一覧表示されます。特定のカテゴリに絞らず、さまざまなオプションを確認したいときに活用できます。
⓫	おすすめのテンプレート	使用頻度が高いデザイン形式や、Canvaが提案するデザインテンプレートがここに表示されます。初めてデザインを作成する場合や、人気のあるデザインを探す際に便利です。

Part 1　Canvaの使い方を基礎から学ぼう

Canvaはスマホでも作業ができる

Canvaにはスマホアプリがあり、スマホでもパソコンとほとんど同じ機能を使うことができます。パソコン版とスマホアプリ両方に同じアカウントでログインしていると同期されるため、例えば外出中はスマホで作業して、帰宅後にパソコンで続きを作業することも可能です。

基本的にパソコン版で左側に並んでいるメニューは、スマホ版では画面下に表示されます。また、白紙からデザインを作成したい場合は、スマホ版では画面下の ➕ をタップします。

▼パソコン版　　　　　　　　　　　　スマホ版▶

タップでデザインを作成します

編集画面でも、パソコン版で左側に並んでいるメニューがスマホ版では画面下に表示されます。見えていないメニューは画面をスワイプすることで表示できます。

▼パソコン版　　　　　　　　　　　　スマホ版▶

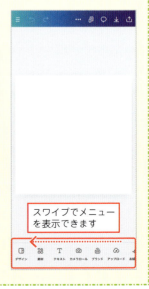

スワイプでメニューを表示できます

デザインを新規作成する

◆「デザインを作成」ボタンから作成する

「デザインを作成」ボタンをクリックすると、左側に「ドキュメント」「ホワイトボード」「プレゼンテーション」「SNS」など、作成するデザインのジャンルが表示されるので、作成したいものをクリックします。

新規の編集画面が開き、真っ白なキャンバスが表示され、自由にデザインを開始できます。

◆ 検索ボックスを利用して作成する

「デザインを作成」画面では、上部にある「何を作成しますか？」という検索ボックスを利用して、作成したいデザインを検索し、そこから新しいデザインを作り始めることもできます。

▼デザインを検索して新規編集画面を作成する

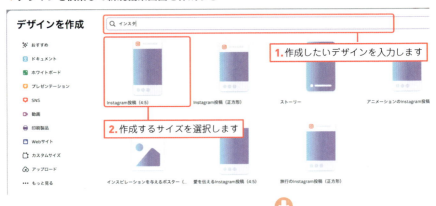

作成したデザインを削除・複製する

❖ デザインを削除する

Canvaのホーム画面に表示されているサムネイルにカーソルをのせて表示される…をクリックし、表示されるメニューから「ゴミ箱へ移動」をクリックするとデザインを削除できます。

ゴミ箱に移動したデザインは、30日以内であれば復元できますが、これを過ぎるとゴミ箱フォルダーから自動的に削除されます。

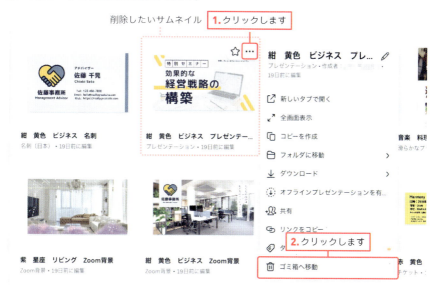

❖ デザインを複製する

削除と同様に、サムネイルにカーソルをのせて表示される…をクリックし、表示されるメニューから、「コピーを作成」をクリックするとデザインを複製できます。

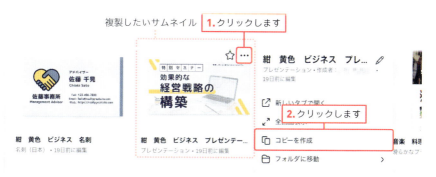

Chapter 1-2　テンプレートの選択と適用

Canvaには、クオリティの高いおしゃれなテンプレートが用意されています。好みのデザインを選び、それをカスタマイズして自分のデザインを作ることができます。

テンプレートの選び方

◆ 編集画面から選ぶ

編集画面を開くと、サイドバーの一番上に「デザイン」があります。これをクリックすると、開いている編集画面のサイズに合ったテンプレート（ここではInstagram）が表示されます。この中からお好みのテンプレートを選びましょう。

1. 「デザイン」をクリックします

2. テンプレートが表示されるので選択します

テンプレートはこのサイズに合ったものが表示されます。

> **Point**
> テンプレートの右下に 👑 が付いているものは、Canvaプロ（有料プラン）限定のテンプレートです。
>
>

3. 編集画面にテンプレートが適用されます

テンプレートが適用された後は、自由に文字や写真を変更するなど、テンプレートをカスタマイズしてオリジナルのデザインを作り上げていくことができます。

16

◆ ホーム画面から選ぶ

ホーム画面の左側にある「テンプレート」をクリックすると、テンプレートの一覧が表示されます。

編集画面内でのテンプレートは、その編集サイズに合ったテンプレートしか表示されませんでしたが、ホーム画面から移動したテンプレート一覧では、サイズにこだわらずにテンプレートデザインを見ることができます。

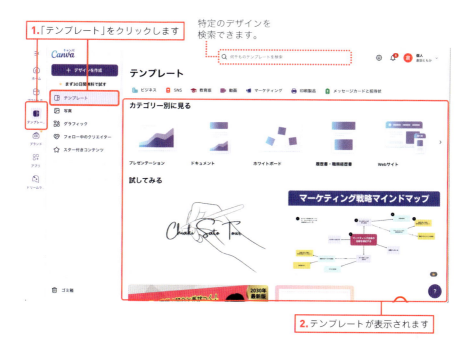

> **Point**
> 検索窓を使用すると、ドキュメントタイプに関わらず、入力したキーワードに合ったデザインが一覧で表示されます。その後、左側のフィルター機能を使って、作りたいドキュメントタイプやサイズに絞り込むこともできます。
>
> フィルターで条件を絞り込めます。

お気に入りのCanva公式クリエイターのフォロー

お気に入りのクリエイターをフォローしておくと、そのクリエイターが作成したテンプレートを見つけやすくなり、デザインの作成がよりスムーズに進みます。

① テンプレートを選択する

「テンプレート」をクリックして表示されるテンプレートの一覧から、気に入ったテンプレートを選択します。

②「フォロー」ボタンをクリックする

テンプレートのプレビュー画面が表示されるので、「フォロー」ボタンをクリックすると、そのテンプレートを作ったクリエイターをフォローできます。

③ クリエイターのデザイン一覧を確認

フォローすると、左側メニューにある「フォロー中のクリエイター」から、自分がフォローしたクリエイターが作成したデザインの一覧を簡単に確認できます。

「フォロー中のクリエイター」
フォローしたクリエイターが作成したデザインを確認できます。

1-3 自分好みにカスタマイズする

ゼロから自分でデザインを作ることももちろん可能です。サイズを設定し、真っ白なキャンバスに好みのデザインを作っていきましょう。

サイズを自分で設定する方法

テンプレートの中に作りたいドキュメントタイプやぴったりのサイズが見つからない場合は、自分で好みのサイズを指定することができます。

① 「カスタムサイズ」を選択する

ホーム画面に並んでいるアイコンの中から「カスタムサイズ」をクリックします。

Point

左上にある「＋デザインを作成」からも「カスタムサイズ」を選択できます。

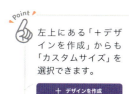

② 幅と高さを指定する

キャンバスサイズの「幅」と「高さ」を指定します。単位は、ピクセル、インチ、ミリ、センチの4種類から選択できます。

③ 新しいデザインを作成

任意の幅と高さを入力し、「新しいデザインを作成」ボタンをクリックすると、そのサイズの白紙の編集画面が表示されます。

テンプレートをカスタマイズする方法

テンプレートは簡単にカスタマイズできます。以下のテンプレートを例に、好みにカスタマイズする方法を見てみましょう。

▼カスタマイズ前の元のテンプレート

◆ テキストを変更する

テキスト部分をダブルクリックすると編集モードに切り替わり、任意のテキストに変更できます。

◆ 写真を差し替える

「素材」から新しい写真をドラッグして、テンプレート上の既存の写真に重ねるだけで簡単に差し替えができます。

◆ デザインを保存する

カスタマイズが完了したら、右上の「共有」ボタンから「ダウンロード」を選択し、完成したデザインを保存できます。

このようにテンプレートを活用することで、簡単かつスピーディーにオリジナルデザインが作れます。

1-4 テキストの追加と編集

テキストの追加や削除から、文字の大きさや色の変更を簡単に行うことができます。また、Canvaには豊富な種類のフォントが用意されています。デザインに合った好みのフォントがきっと見つかるはずです。

テキストボックスの挿入と配置

テキストボックスを追加して、テンプレートのデザインに新しく文字を入力したり、テキストボックスを移動させて、配置を変えたりすることができます。

◆ 新しくテキストを追加する

サイドバーの「テキスト」Tをクリックし、「テキストボックスを追加」ボタンをクリックします。編集画面にテキストボックスが追加されるので、お好みのテキストを入力できます。

◆ テキストボックスを配置する

テキストボックスの下に表示される ⊕ をドラッグすると、テキストボックスを移動させることができます。
また、テキストボックス自体を直接ドラッグすることで、任意の位置に配置することも可能です。

クリックしてドラッグすると回転します　　テキストボックスを移動します

テキストの見た目を編集する

テキストボックスをクリックすると、画面上部にテキストツールバーが表示されます。
※上部のツールバーは、画面幅によってはすべて表示されず「…(詳細)」の中に隠れている場合もあります。

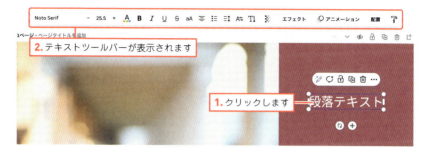

▼テキストツールバー

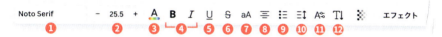

❶ フォントの変更

デザインに合わせて、お好みのフォントを選択できます。フォントは言語（日本語や英語）で絞り込んだり、「手書き」などのキーワードを入力して検索したりできます。

が付いているフォントはCanvaプロ（有料プラン）限定です。

❷ フォントサイズの変更

数値はフォントサイズを表しています。マイナスをクリックするとフォントサイズが小さくなり、プラスをクリックすると大きくなります。
直接数値を入力してサイズを指定することもできます。

Point
テキストボックスの四隅にある白い丸をドラッグして、サイズを調整することも可能です。

❸ **テキストの色変更** A

テキストの色を設定できます。文書で使用中のカラーや、あらかじめ用意されているデフォルトカラーの選択が可能です。
また、素材から色を抽出して設定することもできます。（色の抽出についてはP.84参照）
新しい色を追加する場合は、🎨をクリックし、カラーコード（シャープから始まる6桁のコード）を入力したりスライダーを調節したりして、色を細かく設定することができます。

新しい色を追加します。

クリックしてテキストの色を設定します。

❹ **太字** B ・**斜体** *I*

テキストを太字にしたり斜めにしたりできます。
フォントによっては、これらの機能が使用できない場合もあります。斜体は、主に英字フォントに対応しています。

❺ **下線** U

テキストの下に線を引くことができます。

❻ **取り消し線** S

テキストの上に線を引いて、取り消し線を引くことができます。

❼ **大文字／小文字** aA

英字フォントに限り、大文字と小文字の切り替えが可能です。

❽ **配置** ≡

テキストを左寄せ、中央寄せ、右寄せに配置できます。また、段落の配置も設定可能です。

❾ **箇条書き** ≔

テキストをリスト形式にすることができます。番号付きリストやリストマークで箇条書きを設定できます。

❿ **スペース** ≡↕

文字の間隔や行間隔を調整することができます。また、テキストボックスの広がり方（上から下に伸びる、中心から広がるなど）を設定することも可能です。

⓫ **詳細な書式設定** A〜

上付き文字、下付き文字の設定や、カーニング（文字詰め）やリガチャー（合字）の設定ができます。

⓬ **縦書きのテキスト** T↕

テキストを縦書きにすることができます。

テキストエフェクトを設定する

テキストにエフェクトを適用させるだけでデザインに動きが加わり、より視覚的に魅力的なテキストデザインになります。

① 「エフェクト」ボタンをクリックする

テキストボックスを選択すると、ツールバーに「エフェクト」ボタンが表示されるのでクリックします。
もしツールバーに「エフェクト」ボタンが表示されていない場合は、ツールバーの右端にある…をクリックすると選択できるようになります。

1. 選択します
2. クリックします
3. 「エフェクト」パネルが表示されます

② エフェクトを選ぶ

「スタイル」と「図形」の中から好みのエフェクトを選択できます。「スタイル」では、影付き、浮き出し、袋文字などの効果をテキストに適用できます。「図形」では、ワンクリックで文字を湾曲させることが可能です。
エフェクトの詳しい使い方は、P.44を参照してください。

1-5 素材の追加と配置

Canvaには、豊富なグラフィック素材や写真素材が用意されています。サイドバーから「素材」をクリックすると、さまざまな素材を検索して使用することができます。

素材を検索する

サイドバーから「素材」 をクリックすると、素材メニューが開きます。メニューの画面上部にある検索ボックスに使いたい素材のキーワードを入力し、returnキーを押すと、関連する素材が表示されます。
検索結果に表示された「グラフィック」や「写真」などのカテゴリーの中から、使いたい素材を選んでクリックすると、編集画面に配置されます。

✦ 細かく検索する

絞り込み検索やカテゴリー別表示をすることで、必要な素材を効率的に見つけることができます。

◆ 素材を絞り込む方法

検索ボックスの右側にあるアイコン ≋ をクリックすると、以下の条件で素材を絞り込むことができます。

❶ カラー
特定の色を含む素材を検索できます。

❷ 向き
正方形、縦長、横長から選択できます。

❸ アニメーション
アニメーション素材や静止素材などを選べます。

❹ 価格
有料プラン時にだけ表示される項目で、素材の価格で絞り込めます。

❺ 切り抜き
背景除去されている写真を絞り込めます。

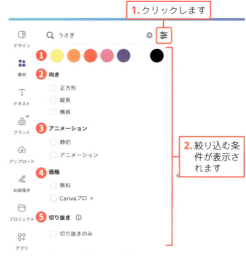

1. クリックします
2. 絞り込む条件が表示されます

「切り抜き」で絞り込んだ画面。

◆ カテゴリー別に表示する方法

検索窓の下に表示される「グラフィック」「写真」などのカテゴリーをクリックすると、検索結果をカテゴリー別に表示できます。

カテゴリーを選択して検索結果の表示を切り替えます

素材をお気に入りに追加する

Canvaでは、気に入った素材をお気に入りに追加して管理することで、デザイン作業をよりスムーズに進めることができます。たくさんある素材の中で、少しでも「いいな」と思ったものは、お気に入り登録しておくと、後で探しやすくなるのでおすすめです。

◆ 素材の検索一覧からお気に入りに追加する

① その他オプションを開く

素材を検索したら、素材のサムネイルの右上にある … （その他オプション）をクリックします。

Point
素材にカーソルをのせると … が表示されます。

② スターを付ける

メニューが表示されたら、「スターを付ける」を選択すると、お気に入りに追加されます。

◆ 配置した素材をお気に入りに追加する

① その他オプションを開く

デザイン画面に配置した素材を右クリックするか、素材の上に表示される … （その他オプション）をクリックします。

②「詳細」をクリックする

メニューが表示されたら、「詳細」をクリックします。

③ スターを付ける

開いた詳細情報の中にある「スターを付ける」を選択します。これで、配置した素材もお気に入りに保存されます。

✦ スター付き素材を確認する

サイドバーの「プロジェクト」📁メニュー内にある「スター付き」から、保存した素材を確認できます。素材一覧と同じように、選んでデザインに使用可能です。

スターを付けた素材を表示します

✦ お気に入りを解除する

サイドバーの「プロジェクト」メニュー内にある「スター付き」を開き、該当する素材の … (その他オプション) をクリックして「スターを外します」を選択します。

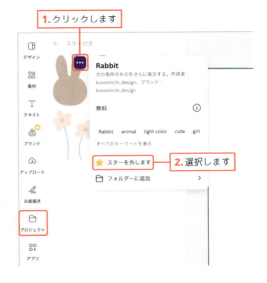

配置した素材を右クリックするか、素材の上に表示される … (その他オプション) をクリックし、詳細の中にある「スターを外します」を選択することでも、お気に入りから解除できます。

Point　お気に入り機能は、特に同じ素材を繰り返し使うプロジェクトや、アイデアを温めたいときにも便利です。

Check ✦ 素材の詳細にはいろいろな情報が詰まっている

素材の詳細情報を確認することで、デザイン作業がさらに便利になります。詳細情報には、素材に関する様々な情報や機能が詰まっており、関連素材を探す際にも役立ちます。

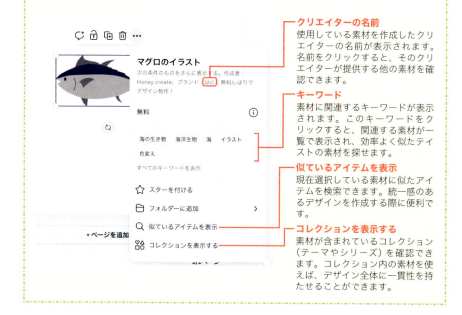

クリエイターの名前
使用している素材を作成したクリエイターの名前が表示されます。名前をクリックすると、そのクリエイターが提供する他の素材を確認できます。

キーワード
素材に関連するキーワードが表示されます。このキーワードをクリックすると、関連する素材が一覧で表示され、効率よく似たテイストの素材を探せます。

似ているアイテムを表示
現在選択している素材に似たアイテムを検索できます。統一感のあるデザインを作成する際に便利です。

コレクションを表示する
素材が含まれているコレクション（テーマやシリーズ）を確認できます。コレクション内の素材を使えば、デザイン全体に一貫性を持たせることができます。

図形・グラフィック・写真の挿入

デザイン編集画面でキャンバスを選択すると、ツールバーが表示されます。図形やグラフィックの編集は、このツールバーで行います。

▼ツールバー

◆ 図形の挿入と編集

サイドバーから「素材」をクリックし、図形の一覧から使用したい図形を選びます。図形をクリックすると、編集画面に配置されます。
四隅の丸をドラッグしたり、上下左右をドラッグしたりすることでサイズ調整が可能です。

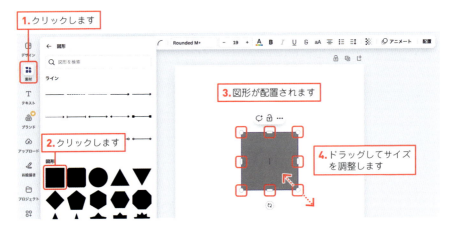

◆「カラー」を設定する

図形をクリックした状態で、ツールバーの❶「カラー」をクリックすると、図形の色を変更できます。

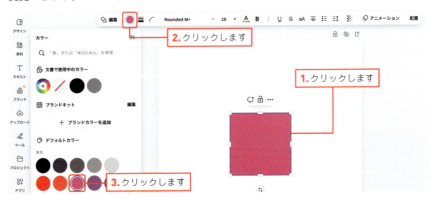

✦「罫線スタイル」を設定する

❷「罫線スタイル」≡ から枠線を追加し、実線や点線などさまざまなスタイルを選ぶことができます。線の太さや枠線の色も自由に設定可能です。

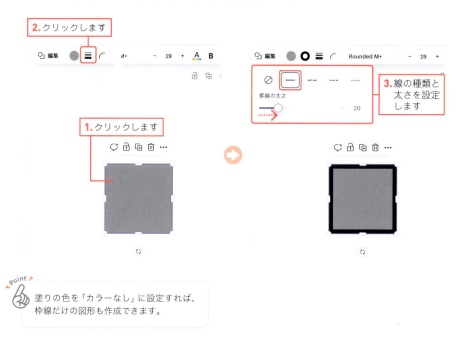

> **Point**
> 塗りの色を「カラーなし」に設定すれば、枠線だけの図形も作成できます。

✦「角の丸み」を設定する

❸「角の丸み」⌐ を調整することで、角を丸くした図形を作ることもできます。数値を大きくすると、より丸みのある図形になります。

✦ グラフィックの編集

図形と同様に、挿入されたグラフィックの四隅をドラッグしてサイズを変更することができます。
また、Canvaのグラフィック素材には、色を変更できるものとできないものがあります。色を変更できるグラフィックの場合、選択すると画面上にカラー変更のアイコンが表示されます。

カラー変更が可能なアイコンが表示されます。

ドラッグしてサイズを変更します。

一方、「カラー」アイコンが表示されない素材は色変更ができません。選択時に表示される「カラー」アイコンを確認して、色変更の可否を見分けましょう。

「カラー」アイコンが表示されない場合は色の変更ができません。

自動おすすめ機能
選択したイラストに関連するイラストが候補として表示されます。
同じクリエイターの素材や、違うクリエイターでも似ている構図のイラストがピックアップされています。

1-6 素材の配置と整列

複数の素材を使ったデザインを作成するときは、素材の重なり順や位置を整えましょう。「配置」メニューから詳細を設定することができます。

配置の詳細を設定する

素材を選択すると、画面上部にツールバーが表示されます。「配置」をクリックすると、画面左側に編集パネルが表示されるので詳細を設定できます。

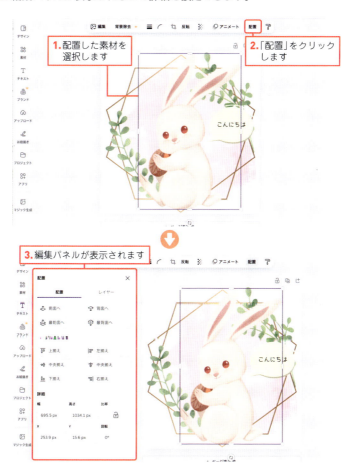

✦「配置」タブ

「配置」タブでは、デザイン内の素材を正確かつ効率的に配置し、視覚的なバランスを整えることができます。

重なり順については P.39 を参照してください。

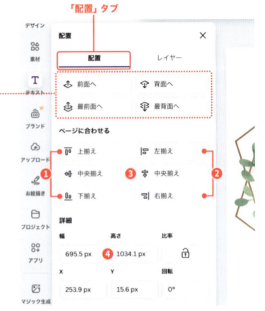

▼元の状態

✦ ページに合わせて整列

❶ 上揃え / 下揃え
素材をキャンバスの上端または下端に揃えます。

▼上揃え

▼下揃え

❷ 左揃え / 右揃え
素材をキャンバスの左端または右端に揃えます。

▼左揃え

▼右揃え

❸ **中央揃え（縦／横 ）**
素材をキャンバスの中心に縦方向または横方向で揃えます。

▼中央揃え（縦）

▼中央揃え（横）

◆ 詳細設定

❹ **幅と高さ**
素材のサイズをピクセル単位で調整できます。比率を固定したままサイズを変更する場合は、比率ロックをオンにします。

❺ **X／Y座標**
素材の位置をキャンバス上で正確に設定できます。Xは水平方向、Yは垂直方向の座標を示します。

❻ **回転**
素材を指定した角度で回転させることができます（0°〜360°）。

Check ✦ 素材を整列させる

2つ以上のオブジェクトを選択すると、「ページに合わせる」という表示が「素材を整列させる」という表示に切り替わり、オブジェクトを基準に整列するようになります。
さらに、3つ以上のオブジェクトを選択すると「均等配置」が表示され、オブジェクト同士の間隔を調整できます。

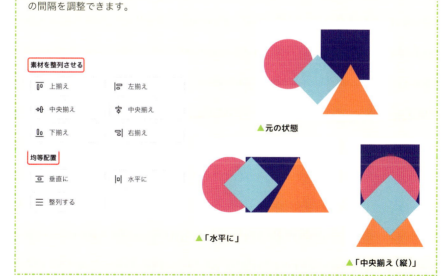

✦「レイヤー」タブ

「レイヤー」タブでは、デザイン内の素材（オブジェクト）の重なり順や表示を直感的に管理できます。

❼ すべての素材を表示

「すべて」を選択すると、デザインに含まれるすべての素材がリストとして表示されます。リストは重なり順に並んでおり、上にある素材ほど前面に表示されています。

❽ オーバーラップした素材を表示

「オーバーラップ」を選択すると、選択した素材と重なっているものだけがリストに表示されます。重なりの多いデザインで作業する際に便利です。

蝶はウサギと重なっていないので、リストに表示されない。

◆ 素材の重なり順を変更する方法

▼基本の配置

◆配置タブで変更

❾ 前面へ
❿ 背面へ
素材を1つ前面または背面に移動します。

▼ネコを「前面へ」

▼ネコを「背面へ」

⓫ 最前面へ
⓬ 最背面へ
素材をデザインの最前面または最背面に移動します。

▼ネコを「最前面へ」

▼ウサギを「最背面へ」

◆ レイヤータブで変更

リスト内の素材をドラッグ＆ドロップして、重なり順を変更できます。
リストの上に移動するほど前面に、下に移動するほど背面になります。

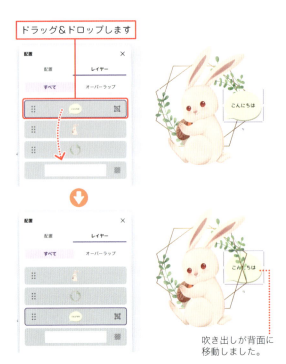

◆ 素材を選択する

「レイヤー」タブでリストにある任意の素材をクリックすると、その素材がデザイン内で選択されます。たくさん素材が重なっている配置の場合、背面の素材は直接クリックしにくいので、このような場合にもレイヤー機能は役立ちます。

Part 2

いろいろな素材を編集・加工しよう

2-1 テキスト編集の便利なツール

テキストを入力するだけではなく、文字や行の間隔を整えたり、文字に動きをつけたりして、読みやすくてデザイン性のある文字設定を行いましょう。

テキスト配置のバランス

テキストの配置は、デザイン全体のバランスや読みやすさに大きく影響します。ただ単に文字を配置するのではなく、行間や文字間の調整、配置位置を工夫することで、見やすく整理されたデザインを作ることができます。

◆ 長文は両端揃えにすると右側が揃う

長文のテキストを配置する際、通常の左揃えでは右側が不揃いになり、ガタガタとした印象になります。両端揃えを選択すると、行の左右が均等に整えられ、右側もきれいに揃います。見た目が整い、読みやすさが向上するため、レポートや記事などの長文におすすめです。
テキストツールバーの「配置」≡で調整しましょう。

▼左揃えの配置

長文のテキストを配置する際、通常の左揃えでは右側が不揃いになり、ガタガタとした印象になります。しかし、両端揃え を選択すると、行の左右が均等に整えられ、右側もきれいに揃います。見た目が整い、読みやすさが向上するため、レポートや記事などの長文におすすめです。

▼両端揃えの配置

長文のテキストを配置する際、通常の左揃えでは右側が不揃いになり、ガタガタとした印象になります。しかし、両端揃え を選択すると、行の左右が均等に整えられ、右側もきれいに揃います。見た目が整い、読みやすさが向上するため、レポートや記事などの長文におすすめです。

◆ 長文は行間を広げると読みやすい

長文のテキストを配置する際は、行間を広げると読みやすくなります。行間が狭いと文字が詰まって見え、圧迫感が出てしまいますが、適度な余白を持たせることで、文章が視認しやすくなります。特にスマホなど小さな画面での閲覧を考慮する場合は、行間を意識しましょう。
テキストツールバーの「スペース」≡↕で調整できます。

▼デフォルトの行間

長文のテキストを配置する際は、行間を広げる と読みやすくなります。行間が狭いと文字が詰まって見え、圧迫感が出てしまいますが、適度な余白を持たせることで、文章が視認しやすくなり、ストレスなく読めるようになります。特にスマホなど小さな画面での閲覧を考慮する場合は、行間を意識するとより快適に読めるデザインになります。

▼広げた行間

長文のテキストを配置する際は、行間を広げる と読みやすくなります。行間が狭いと文字が詰まって見え、圧迫感が出てしまいますが、適度な余白を持たせることで、文章が視認しやすくなり、ストレスなく読めるようになります。特にスマホなど小さな画面での閲覧を考慮する場合は、行間を意識するとより快適に読めるデザインになります。

◆ 異なるフォントサイズや文字間を組み合わせる

テキストをより視認性の高いデザインにするために、フォントサイズや文字間を調整するのも有効です。

例えば、助詞や補足的な文字は小さくしても可読性を損なわないため、目立たせたいキーワードとのメリハリをつけることができます。

また、カタカナは漢字に比べて文字間が広く見えがちなので、調整するとバランスが整います。

私はりんごを食べる。

⬇

私はりんごを食べる。

▲フォントサイズや文字間を調整した例

ワークショップに参加する

⬇

ワークショップに参加する

▲カタカナの文字間を調整した例

Canvaでは、一行の中で部分的にフォントサイズを変えたり、文字間を細かく調整することはできません。調整したい部分は別のテキストボックスに分けて配置しましょう。一部分の文字だけ小さくしたり、カタカナの文字間を詰めたりすることで、見やすく洗練されたデザインに仕上がります。

▼テキストボックスを分けて配置した例

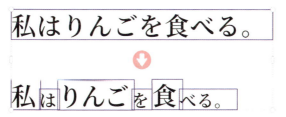

二重袋文字の作り方

Canvaのテキストエフェクト「袋文字」を重ねることで、二重袋文字の表現ができます。

① テキストを入力し、上部ツールバーの「エフェクト」ボタンをクリックします。
サイドバーに「エフェクト」メニューが表示されるので、「袋文字」を適用します。
外側の縁取りになる「太さ」を太めに設定します。

② テキストを複製し、複製した方には異なる色で袋文字を設定します。
複製した方の袋文字の「太さ」を細めに設定します。

③ 細めの袋文字を、太めの袋文字の内側に収まるように上に配置すると、きれいな二重袋文字の完成です。

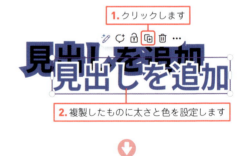

> **Point**
> 2つのオブジェクトを選択して、「配置」から「素材を整列させる」を使用しましょう。

この方法を使えば、文字にアクセントを加えたり、ポップなデザインに仕上げることができます。タイトルや見出しなど、インパクトを出したい場面で活用してみてください！

曲線を組み合わせて波形を作る方法

テキストエフェクト「曲線」を活用することで、波のような動きのあるデザインを作ることができます。
この方法を使えば、タイトルや見出しにリズミカルな動きを加えたり、楽しい雰囲気を演出することができます。ポップなデザインにピッタリです。

① テキストを2つ用意します。

② 1つ目のテキストを選択し、上部ツールバーの「エフェクト」ボタンをクリックします。
サイドバーに「エフェクト」メニューが表示されるので、「図形」の「湾曲させる」を適用します。
「湾曲」の値をプラス（+）側にスライドし、山なりに弧を描くような形にします。

③ 2つ目のテキストにも②と同様に「湾曲させる」を適用し、「湾曲」の値をマイナス（-）側にスライドし、反対方向にカーブさせます。

④ 2つのテキストを上下のカーブがつながるように配置すると、自然な波形に仕上がります。

ふりがなの設定方法

Canvaでは、選択したテキストに簡単にふりがなを追加できます。ボタンをクリックするだけで、一瞬で自動的にふりがなが適用されます。子ども向けの資料や、読みやすさを向上させたい文書作成に役立ちます。

① ふりがなを振りたいテキストを選択し、フローティングツールバーの…から「ふりがな」を選択します。

② 「ふりがな」メニューが表示されるので、「ふりがなを振る」ボタンをクリックします。

クリックします

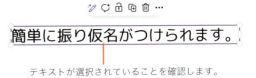
テキストが選択されていることを確認します。

③ 漢字の上に自動でふりがなが追加されます。
ふりがなは、独立したテキストボックスとして追加されるため、他のテキストと同じように文字の変更・色の変更・フォントの調整など、自由にカスタマイズできます。

ふりがなのテキストボックス

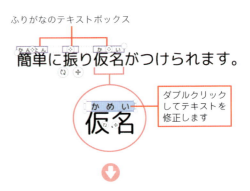

ダブルクリックしてテキストを修正します

⚠️ 注意
AIによる自動判定のため、必ず正しいふりがなが適用されるとは限りません。
特に、人名や特殊な読み方の言葉の場合は意図しないふりがなが表示されることもあります。誤ったふりがなが振られている場合は、必要に応じて手動で修正してください。

Chapter 2-2 グラフィック素材をカスタマイズしよう

そのまま使っても十分活用できるグラフィック素材ですが、少し手を加えるだけでよりデザインの幅を広げることができます。

色を変えて統一感を出す

色を変更できるグラフィック素材であれば、デザイン内の他の要素と色を統一させることで、まとまりのある印象に仕上がります。イラストのタッチが異なる場合でも、色を統一するだけで、まるで同じシリーズのデザインのように見せることができます。

女性のイラストの色を花のイラストの色に揃えます。
色を変更したいイラスト（ここでは女性のイラスト）を選択します。
上部ツールバーの「カラー」をクリックし、女性のイラストの黒と黄色の部分を、それぞれ花のイラストで使われている色に変更したら完成です。

写真を併用しているデザインであれば、スポイトツールを使って写真内の色を抽出するのもおすすめです（スポイトについてはP.84を参照）。

反転・回転させて使う

グラフィック素材を反転したり回転したりすることで、元の印象を変えてデザインに取り入れることができます。素材を反転させて左右対称にすることで、バランスの取れたレイアウトを作ることもできますし、反転・回転を活用して、少ない素材だけでもバリエーション豊かに表現することができます。

反転の方法

素材を選択し、上部ツールバーの「反転」から「水平に反転」または「垂直に反転」を選択して反転させます。

回転の方法

素材を選択し、素材のすぐ下に表示される「回転」ボタンをドラッグして回転させます。

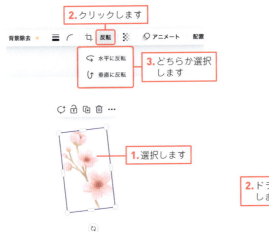

1つの素材を「反転」で左右対称にしたレイアウト。

写真のフレームに使っているのは3つだけ

3つの素材を「反転」と「回転」でランダムに配置したレイアウト。

切り抜いて一部分だけ使う

ある素材の一部分だけ使いたいときは、「切り抜き」機能を使います。一部分だけを抜き出して、デザインのワンポイントとして使うことができます。

切り抜きの方法

グラフィック素材を選択し、上部ツールバーの「切り抜き」 ▢ をクリックします。
残したい範囲を指定し、「完了」ボタンをクリックしたら完了です。

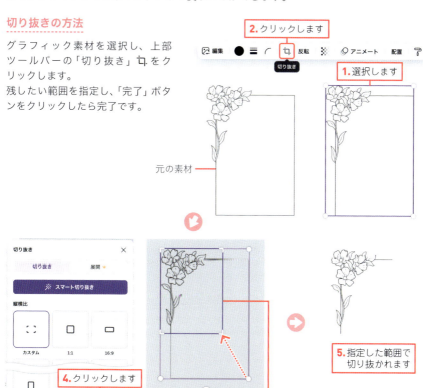

Part 2　いろいろな素材を編集・加工しよう

49

2-3 図形をカスタマイズしよう

図形は単体で使うだけでなく、複数の図形を組み合わせることで、よりオリジナリティのあるデザインを作ることができます。

組み合わせて吹き出しを作る

円と三角形を組み合わせると、吹き出しを作ることができます。グラフィック素材には様々な吹き出し素材が用意されていますが、サイズが限定されているため、使いにくい場合もあります。
図形を組み合わせて自作する吹き出しは、文字量に合わせて自由にサイズ調整ができて便利です。

◆ 吹き出しの作り方

① 左側メニューの「素材」にある「図形」から、角丸や丸の図形を配置します。
吹き出しに入れるテキストの量に合わせて、図形のサイズを調整してください。

② 吹き出しの"しっぽ"部分を作るため、「図形」から三角形を選びます。三角形をお好みの角度に回転させて、角丸や丸に重なるように配置します。

シンプルな形でも、組み合わせることでさまざまなアレンジが可能です。ぜひ試してみてください。

図形で模様を作る

アイデア次第で、図形を組み合わせてさまざまな模様を作れます。サイズや形が自由に調整できるので、応用の幅が広がります。

◆ 線のみの図形を組み合わせた模様

図形を配置すると、デフォルトでは塗りが設定されています。罫線の設定で線を追加し、さらに塗りの色を「カラーなし」にすると、線だけの図形にすることができます。

線を追加して塗りをなしに設定します

角の丸みを調整すると、柔らかい雰囲気に。

色を変えた図形を重ねると、ポップで楽しい模様に！

◆ 点線を組み合わせた模様

線には、実線の他に3種類の点線が用意されています。
「終点（丸）」をオンにすると角が丸くなり、より柔らかい印象の線になります。

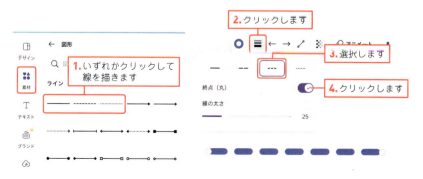

1. いずれかクリックして線を描きます
2. クリックします
3. 選択します
4. クリックします

線の太さや種類、色の組み合わせ次第で、シンプルな模様としても活用できます。デザインにちょっとしたアクセントを加えたいときに、線の装飾はとても便利です。

◆ 透明グラデーションの模様

① 図形を配置し、上部ツールバーの「カラー」 ● の「グラデーション」から、グラデーションカラーを2色とも同じ色に設定します。

※設定の方法はP.72を参照してください。

② 片方の透明度を変更すると、徐々に透明になるグラデーションになります。

③ ②で作った透明グラデーションの図形を複製して重ねます。

④ 透明度を上げてふんわりとした奥行きのあるデザインにしたり、他の色のグラデーションを重ねたり、回転させて角度を変えることで、バリエーション豊かな模様が作れます。

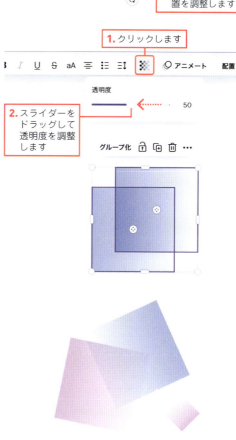

色を変えたり傾けたりしてランダムに配置すると、スタイリッシュな印象に！

2-4 写真を編集・加工しよう

Canvaでは、素材写真やアップロードした写真を自由に加工・編集できます。デザインに合わせて写真を調整し、より魅力的な仕上がりにしましょう。

写真加工で雰囲気を整える

上部ツールバーの「編集」から「調整」をクリックすると、写真の明るさやコントラストなどを細かく調整できます。色味を変えたり、写真の雰囲気を統一したりするのに便利です。

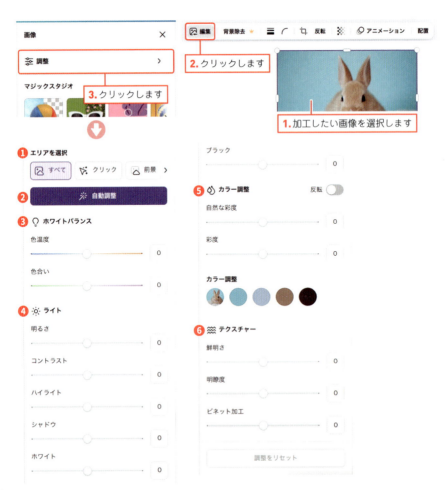

▼元写真

❶ エリアを選択

編集したい範囲を「すべて」「クリック」「ブラシ」「前景」「背景」から選択できます。背景だけ明るくしたり、前景の色味を調整するなど、細かい編集が可能です。

エリアを選択

　すべて　　クリック　　ブラシ　　前景　　背景

クリック
クリックした範囲を選択します。

ブラシ
ブラシで塗りつぶした部分を選択します。

前景
AIが前景だと判断した部分が選択されます。

背景
AIが背景だと判断した部分が選択されます。

❷ 自動調整

ワンクリックで、写真の明るさや色味を自動で最適化します。時間をかけずに、写真を整えたいときに便利です。

❸ ホワイトバランス

光の色合いを補正して、白を正しい白に表現するために調整する項目です。

色温度
寒色（青みがかった色）から暖色（黄色みがかった色）の間を調整できます。

色温度：100

色合い
グリーン寄りからピンク寄りの色味の間を調整できます。

色合い：100

❹ ライト ☀

写真の明るさやコントラストを調整し、全体のトーンを整えます。

明るさ
写真全体の明るさを調整します。暗い写真を明るくしたり、露出オーバーの写真を抑えたりできます。

明るさ：100

コントラスト
明るい部分と暗い部分の差を強調し、写真をくっきりさせます。

コントラスト：100

ハイライト
画像や動画の中で、光が当たっている明るい部分の明るさを調整します。

ハイライト：100

シャドウ
影になっている暗い部分の明るさを調整します。

シャドウ：100

ホワイト
画像全体の白い部分の明るさを調整します。

ホワイト：100

ブラック
画像全体の黒い部分の明るさを調整します。

ブラック：100

❺ カラー調整 💧

色の鮮やかさや色味の差し替えができる機能です。

反転
色を反転してネガフィルム風の効果を作ります。

反転：ON

自然な彩度
被写体の色のバランスを保ちつつ、色を強調します。

自然な彩度：100

彩度
色の鮮やかさを調整します。高くすると派手な印象に、低くするとモノクロになります。

彩度：100

特定の色のみ差し替え
特定の色を他の色に変更できます。

例：青い壁をピンクに調整

❻ テクスチャー 〰

画像に質感を与える機能です。

鮮明さ
シャープな印象にします。

鮮明さ：100

明瞭度
ディテールを強調します。

明瞭度：100

ビネット加工
周囲を暗くして、中央を強調します。

ビネット加工：100

> **Check** 色変更できないグラフィック素材の色を変える方法
>
> P.34でも触れましたが、グラフィック素材には色を変えられる素材と、色を変えられない素材があります。
> しかし、「調整」の「カラー調整」を使うと、通常は色を変更できないグラフィック素材の色も変更できます。
> この機能を活用すれば、色変えできないグラフィック素材でも、デザインの雰囲気に合わせた調整が可能になります。ぜひ試してみてくださいね！
>
>
>
> ⚠ **注意**
> ○ グラデーションや細かい色合いのある素材は、思った通りに色変更できない場合があります。
> ○ 素材のテイストによっては、置き換えた色がムラになったり、完全に反映されないことがあります。

フィルター

フィルター機能を使うと、写真の色調や雰囲気を簡単に変更できます。ワンクリックで適用でき、強度の調整も可能です。
写真を選択し、上部ツールバーの「編集」ボタンをクリックすると、左側メニューから「フィルター」が選べます。「すべて表示」をクリックすると、フィルターを一覧で表示することができます。

フィルターをクリックするだけで、写真の色味や明るさを変更できます。
フィルターの強度はスライダーで調整できます。

エフェクト

エフェクト機能を使うと、写真にシャドウやぼかしなどを加えることができます。

写真を選択し、上部ツールバーの「編集」をクリックすると、左側メニューから「エフェクト」が選べます。隠れているエフェクトは、 > をクリックして横にスライドさせて表示します。

▼元写真

クリックすると横にスライドします。

 ✦ **シャドウ**

写真にさまざまな影を追加できます。影のぼかし量、回転、カラー、強度を細かく調整することも可能です。

傾き

素材と同じ形の影をずらして重ねることができます。

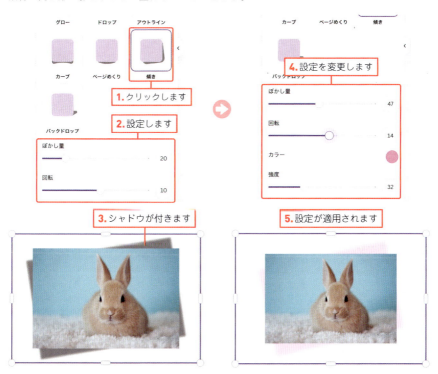

Part 2　いろいろな素材を編集・加工しよう

59

ドロップ

背景除去した写真や、色変更ができないグラフィック素材にもシャドウを適用でき、グラフィック素材の形に沿って影が入ります。

アウトライン

「アウトライン」を選択すると形に沿って縁取り線を加えられるため、シール風のデザインにも活用できます。

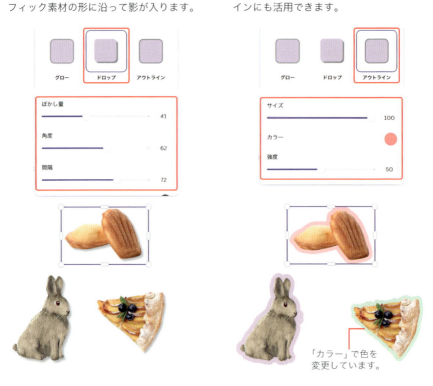

ダブルトーン

写真の明るい部分と暗い部分に、それぞれ異なる2色を適用し、写真全体を2色で表現することができます。シンプルな写真でも、一気にポップな雰囲気やアート風のデザインに仕上げることができます。

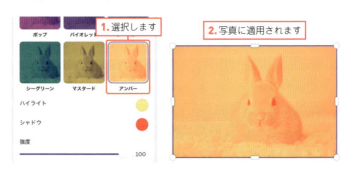

ダブルトーンでは、ハイライトとシャドウを同じ色にすると1色での表現になり、切り抜いた写真に使うとシルエットのような表現になります。

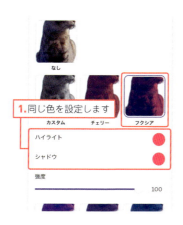
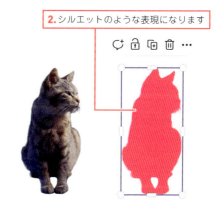

✦ ぼかし

写真をぼかして柔らかい雰囲気を演出できます。ブラシを使って部分的にぼかしたり、画像全体をぼかすことも可能です。

部分的にぼかす

画像全体をぼかす

削除ブラシを使う

「削除」ブラシを使うと、適用したぼかしを部分的に消せます。

> **Point** 一気にぼかしを削除したい場合は、左下の「ぼかしを削除」ボタンをクリックするとリセットできます。

 オートフォーカス

写真の特定の部分にピントを合わせ、背景を自然にぼかすことで、一眼レフカメラで撮影したような奥行きのある表現ができます。ぼかしの範囲や強さを調整できるので、被写体を際立たせたいときに便利です。

▼元写真

「フォーカス位置」のスライダーを動かすことで、写真のどこにピントを合わせるかを細かく設定できます。紫に色がつく部分にピントが合います。

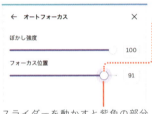

スライダーを動かすと紫色の部分（ピントの合う部分）が移動します。

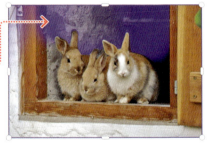

62

▼うさぎにピントを合わせた場合　　▼背景にピントを合わせた場合

ぼかし強度　　　　　　　　100　　　ぼかし強度　　　　　　　　100
フォーカス位置　　　　　　49　　　フォーカス位置　　　　　　100

 ✦ **フェイスレタッチ**

人物の写真に対して、肌をなめらかに補正する機能です。
「滑らかな肌」のスライダーを調整することで、肌の質感を整えることができます。ポートレート写真を自然に仕上げたいときや、肌の質感を軽く補正したいときに便利です。

▼元写真　　　　　　▼フェイスレタッチ適用後

過度に補正すると不自然になることがあるため、適度なバランスで調整しましょう。

写真の配置と差し替え

写真をクリックすると、編集画面に配置されます。
すでに配置している写真を差し替えたいときは、素材一覧から新しい写真をドラッグ＆ドロップすると、簡単に差し替えできます。

ドラッグ＆ドロップで写真を差し替えられます

※ 👑 がついている素材はCanvaプロ（有料プラン）限定のものです。

◆ 写真を背景として設定する

写真を右クリックまたは …（その他オプション）メニューから、「画像を背景として設定」を選択すると、写真がキャンバス全体に配置されます。

1. 右クリックします
2. 選択します

3. キャンバス全体に写真が配置されます

❖ 背景の表示位置を調整する

背景画像をダブルクリックすると、編集モードが開きます。
画像をドラッグして表示される位置を変更したり、拡大・縮小して適切な部分を表示できます。
調整が終わったら「完了」ボタンをクリックして編集モードを終了します。

❖ 背景設定を解除する

背景として設定された画像を右クリックします。
表示されるメニューから「背景から画像を切り取る」を選択すると、背景設定が解除され、通常の素材として操作可能になります。

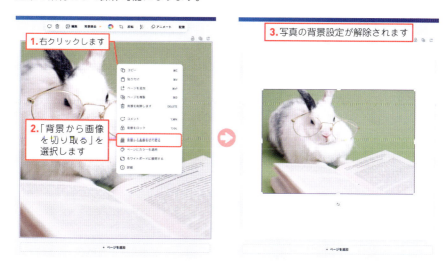

Chapter 2-5 フレームとグリッド、グラデーションを活用しよう

フレームとは、写真を特定の形に切り抜いて配置できる機能です。似たような機能ですが、グリッドを使うと、複数の写真をきれいに並べることができます。

フレームとグリッド

グリッドは、複数の写真をきれいに並べることができます。グリッドは、写真を均等に配置したいときや、レイアウトのバリエーションを増やしたいときに便利です。

◆ フレームの使い方

① 「フレーム」を開く

左側メニューの「素材」から「フレーム」を開きます。
「すべて表示」をクリックすると一覧で表示されます。

> ⚠ 注意
> 「ドキュメント」などの一部の
> デザインには使えないため、
> 表示がない場合があります。

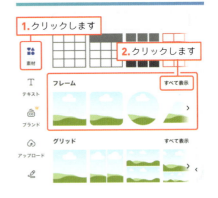

② フレームを選んで配置する

使いたいフレームを選択すると、編集画面に配置されます。配置されたフレームは、他の素材と同じように拡大・縮小できます。

66

③ フレームに写真を配置する

フレームに向かって写真をドラッグ＆ドロップすると、フレームの中に写真が配置されます。

※「素材」から「うさぎ」を検索して「写真」カテゴリーを開いた画面です。

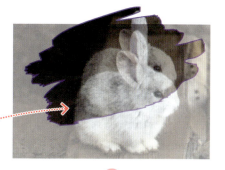

1. 写真をドラッグ＆ドロップします

2. フレームの中に写真が配置されます

◆ グリッドの使い方

①「グリッド」を開く

左側メニューの「素材」から「グリッド」を開きます。
「すべて表示」をクリックすると一覧で表示されます。

⚠️ 注意
「ドキュメント」などの一部のデザインには使えないため、表示がない場合があります。

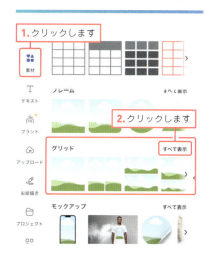

1. クリックします
2. クリックします

② グリッドを選択する

使いたいグリッドを選択すると、編集画面全体に配置されます。配置されたグリッドは他の素材と同じように拡大・縮小できます。

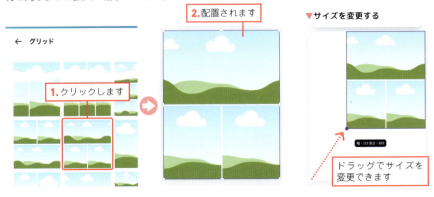

③ 写真をドラッグ＆ドロップする

グリッドに向かって写真をドラッグ＆ドロップすると、グリッドの中に写真を入れることができます。

※「素材」から「うさぎ」を検索して「写真」カテゴリーを開いた画面です。

> **Point**
> グリッドを選択した状態で上部ツールバーの「間隔」ボタンをクリックすると、画像と画像の間隔を調整できます。「罫線スタイル」や「角の丸み」をクリックして、グリッドに枠線を追加したり角を丸くしたりもできます。

グリッドを選択した状態で上部ツールバーの「間隔」ボタンをクリックすると、画像と画像の間隔を調整できます。

グリッド全体、もしくは個別に写真を選択して上部ツールバーの「罫線スタイル」や「角の丸み」をクリックすると、枠線を追加したり角を丸くしたりできます。

▼罫線スタイル　　▼角の丸み

◆ **配置位置の調整**

フレームやグリッドに配置した素材をダブルクリックすると、切り抜きの位置を調整できます。

◆ **配置した画像を切り取る**

フレームやグリッドから写真を取り出したいときは、その写真を選択して右クリックまたは…をクリックして表示されるメニューから「画像を切り取る」を選択します。

グラデーションを適用する

単色ではなくグラデーションを適用すると、奥行きや立体感のあるデザインを作ることができます。背景に使ったり、装飾として取り入れたりすることで、印象的なデザインに仕上げることが可能です。

◆ グラデーションの適用方法

① 「カラー」をクリックする

グラデーションを適用したい図形や背景を選択し、上部ツールバーの「カラー」●をクリックします。

② 「グラデーション」タブを開く

「文書で使用中のカラー」の「新しいカラーを追加」をクリックし、「グラデーション」タブを開くとグラデーションが適用されます。

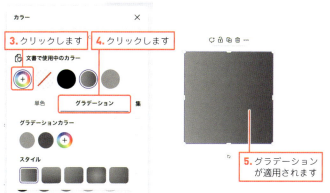

「デフォルトカラー」の「グラデーション」からCanvaにあらかじめ用意されているグラデーションを適用することも可能です。

◆ グラデーションの色の変更方法

◆ グラデーションの色を変える

「グラデーションカラー」にリストされている色が、グラデーションを構成する色になります。色を変更するときは、変更したい色のアイコンをクリックしてカラーパレットを展開し、お好みの色を設定します。カラーコードを入力することでも色を指定できます。（カラーコードについてはP.110を参照してください）

グラデーションの色数を増やしたい場合は、右端にあるプラスアイコンをクリックします。最大10色まで増やすことができます。

◆ グラデーションの並び順を変える

カラーはドラッグすることで順番を入れ替えることができます。

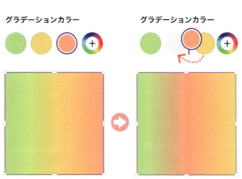

✦ グラデーションの透明度を変える

色の透明度も変更でき、だんだん透明に薄くするグラデーションの再現も可能です。

✦ グラデーションの方向を変える

「スタイル」からグラデーションの方向を選ぶことができます。

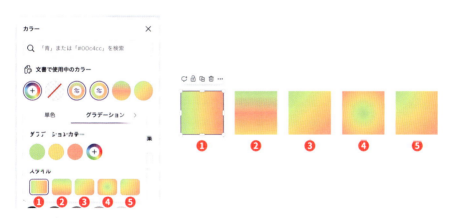

> **Point**
> 現在はテキストやグラフィック素材にはグラデーションを適用することはできませんが、「TypeGradient」という有料プラン限定のアプリを使うと、テキストにグラデーションを適用できます。アプリの使い方は、ダウンロードPDFを参照してください。

2-6 素材をアップロードしよう

Canvaでは、自分の画像や動画をアップロードしてデザインに活用することができます。また、アップロードを使えば、オリジナルの素材をデザインに取り込むことができ、より個性的な作品が作れます。

画像や動画をアップロードする

Canvaの素材にぴったりのものがなかった場合は、自分で作ったり撮ったりした画像や動画をアップロードしましょう。

① アップロード画面を開く

サイドバーから「アップロード」をクリックします。

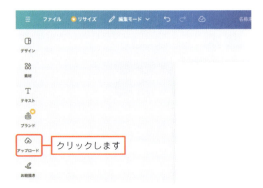

② ファイルを選択する

「ファイルをアップロード」をクリックし、アップロードしたい画像や動画ファイルを選択します。

Point：ファイルをCanvaのアップロード画面にドラッグ＆ドロップすることでもアップロードが可能です。

③ アップロードされた ファイルを確認する

アップロードが完了すると、選んだファイルがアップロード画面に表示されます。
アップロード済みの画像や動画は、何度でも使用できます。

アップロード完了したファイルが表示されます

④ デザインに追加する

アップロードした画像や動画をクリックするだけで、編集画面に追加されます。
追加後は、サイズ変更や配置の調整など素材と同じように自由にカスタマイズすることが可能です。

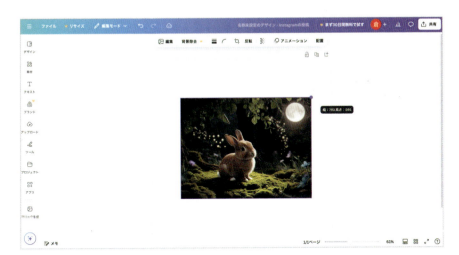

スマホで撮影した写真や動画をCanvaにアップロードする

スマホで撮影した写真や動画をデザインに活用したいとき、撮影データをパソコンに送ってからCanvaにアップロードするのは手間がかかりますよね。そんなときは、Canvaのスマホアプリ内のアップロード機能を使って、撮影した画像や動画を直接アップロードしましょう。

① Canvaのスマホアプリを開く

Canvaのスマホアプリを開き、ホーム画面の ➕ をタップし、新規作成画面から「アップロード」をタップします。デザインの編集途中にアップロードしたい場合は、画面下部にある「アップロード」☁ をタップします。

▼新規作成の場合　　▼デザイン編集途中の場合

② アップロードする素材を選ぶ

「アップロード」☁ をタップし、素材の保存元を選びます。
ここでは「デバイス」の「写真ライブラリ」からアップロードします。

③ 同期された素材を確認する

Canvaのスマホアプリからアップロードした素材は、自動的にパソコン版のCanvaに同期されます。パソコンに切り替えても、アップロードされた素材をそのまま利用可能です。

▼スマホ画面　　▼パソコン画面

自動的に同期されます。

Point
スマホからアップロードした直後で、パソコン版に反映されていないときは、編集ページを再読み込み（リロード）すると表示されます。

⚠ 注意
アップロードするファイルは、使用許諾を受けたものに限ります。詳細はCanvaの利用規約を確認してください。

memo スマホでの微調整

Canvaのスマホアプリでは、「微調整」ツールを使うことで、素材を細かく調整することができます。微調整したい素材を選択し、画面下に表示されるメニュー項目を左にスライドさせると、「微調整」ツールがあります。上下左右の矢印をタップして少しずつ移動できます。

1. 微調整したい素材を選択します
2. メニューを左へスライドします
3. タップします
4. タップして素材を移動します

77

Chapter 2-7　その他の便利な機能

複数の素材を1つにまとめたり、素材を簡単に複製したり、配置した素材を使ってデザインを作成する際に便利な機能はまだまだあります。

配置した要素をグループ化する

複数の要素をグループ化すると、1つのまとまりとして操作できます。グループ化を活用することで、複数の素材やテキストを同時に移動、サイズ変更、複製でき、デザイン作業を効率的に進められます。

◆ グループ化の方法

① [shift]キーを押しながら、複数の要素を個別にクリックして選択します。
要素の周囲をドラッグして選択範囲を指定する方法もあります。

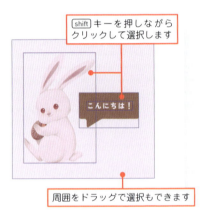

② フローティングツールバー（素材のすぐ上に表示されるツールバー）の「グループ化」ボタンをクリックします。
右クリックメニューから「グループ化」を選択することも可能です。

ショートカットキー　グループ化
Windows：[Ctrl] + [G]
Mac：[command] + [G]

◆ グループ化を解除する

① グループ化された要素をクリックして選択します。

② フローティングツールバーの「グループ解除」ボタンをクリックします。
右クリックメニューから「グループ解除」を選択することも可能です。

1. 選択します
2. クリックします

ショートカットキー **グループ解除**
Windows：Ctrl + Shift + G
Mac：command + shift + G

> **Point** 確定したレイアウトをグループ化しておけば、誤って動かしてしまう心配も減るので便利です。

素材やテキストを複製する

複製機能では、素材やテキスト、図形などを簡単にコピーできます。同じデザイン要素を何度も繰り返し使うときなどに活用でき、作業を効率化できます。

◆ 複製の方法

① コピーしたい素材（テキスト、写真、図形など）をクリックして選択します。
複数の素材を同時に複製したい場合は、shiftキーを押しながら複数の素材を選択するか、ドラッグで選択範囲を指定します。

② フローティングツールバーの「複製」をクリックします。
または、選択した状態で右クリックし、メニューから「複製」を選択します。

ショートカットキー **複製**
Windows：Ctrl + D
Mac：command + D

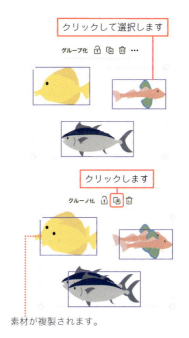
クリックして選択します
クリックします
素材が複製されます。

◆ ドラッグして複製する

[Alt]キー（Macの場合は[option]キー）を押しながら、複製したい素材をドラッグします。

◆ さらに便利な操作

[Shift]キーも一緒に押すと、水平垂直方向に固定して移動しながら複製できます。

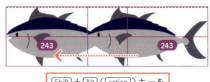

ロック機能

ロック機能を使うと、デザイン作業中の誤操作を防ぎ、効率的に作業を進めることができます。特に複雑なレイアウトや細かい調整が必要なデザインに便利です。

◆ ロック機能の種類

◆ ロック

素材を完全に固定します。移動や編集（テキストの内容や色の変更、サイズ調整など）ができなくなります。

◆ 位置だけをロック（👑有料プラン限定）

素材の「位置」を固定し、移動のみできなくなります。素材の位置を固定したまま、テキストの内容変更や写真の差し替えが可能です。
ただし、テキストの色やフォントなどのスタイル、サイズの調整はできません。

> **注意**
> ドキュメント（Canva Docs）など一部の編集画面では、ロック機能を使用できません。

✦ 素材をロックする方法

固定したい素材（テキスト、写真、図形など）をクリックして選択し、フローティングツールバーの「ロック」🔒 をクリックします。

ロックされた素材をクリックすると、ロック状態を示すアイコン 🔒 が表示されます。これで、素材がロックされていることを確認できます。

> **ショートカットキー** ロック
> Windows：[Alt] + [Shift] + [L]
> Mac：[option] + [shift] + [L]

✦ ロックを解除する方法

素材を選択し、フローティングツールバーの「ロック」🔒 を再度クリックするか、右クリックメニューから「ロック解除」を選択します。

> **ショートカットキー** ロック解除
> Windows：[Alt] + [Shift] + [L]
> Mac：[option] + [shift] + [L]

透明化

テキストや素材、写真などの透明度を調整すると、デザインに奥行きや柔らかい印象を加えることができます。背景と素材のバランスを整えたり、デザイン全体を引き立てたりすることが可能です。

◆ 透明化の設定方法

① 素材を選択する

透明度を調整したいテキスト、写真、図形などの素材をクリックして選択します。

② 「透明度」をクリックする

ツールバーにある「透明度」をクリックします。

③ 透明度を調整する

スライダーを動かして、透明度を調整します。
スライダーで透明度を変更すると、素材に即時反映されます。

> Point
> 透明度は「0%」に近いほど完全に透明になり、「100%」では不透明な状態になります。

> Point
> 複数の素材に同じ透明度を適用したい場合は、対象の素材をすべて選択してから「透明度」を使用してください。

> **Check** ✨ **デザインをグッと良くする透明化**

透明化は、デザインに深みを出したいときにとても便利です。背景になじませたり、主張を控えめにしたい素材に使うと効果的です。
写真や色のついた図形を少し透明にして、デザインのあしらいとして活用するのもおすすめです。全体のバランスを整えながら、控えめなアクセントを加えることができます。

▼「透明化」を使ったデザインの例

透明度100%の状態。　　　　　　　　　　　透明度81%の状態。

写真から色を選ぶ

スポイトツールを使って写真やデザイン内の色を抽出し、そのままテキストや図形の色として適用できます。デザイン全体の色の統一感を出したいときに便利な機能です。

◆ スポイトの使い方

① 「カラー」をクリックする

色を適用したい要素（ここでは図形）を選択した状態で、上部ツールバーの「カラー」●をクリックします。

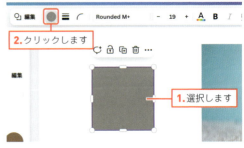

② 「カラーを選択」を クリックする

「文書で使用中のカラー」の「新しいカラーを追加」をクリックし、開いたカラーパレットの中にある「カラーを選択」をクリックします。

③ 色を適用させる

画面上の任意の色の部分をクリックすると、その色が適用されます。
例えば、写真の中の特定の色をタイトルの文字色にしたり、背景の色と統一感を持たせることができます。カラーパレットを使わなくても、写真の色をそのまま活かせるので、デザインのバランスを取るのに役立ちます。

うさぎの体の色が図形に反映されました。

スタイルをコピーする

「スタイルをコピー」は、文字やオブジェクトのフォーマット（フォント、色、サイズ、エフェクトなど）を他の要素に簡単に適用できる機能です。
これを使えば、デザイン全体に統一感を持たせることができ、新たに追加した文字や素材にも同じ設定を当て直す手間が省けます。

フォーマットをコピーしたいテキストやオブジェクトをクリックして選択します。

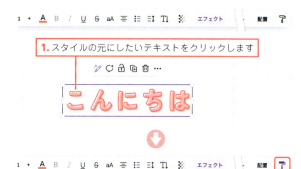

ツールバーに表示される「スタイルをコピー」🖌をクリックします。

スタイルを適用したいテキストやオブジェクトをクリックします。

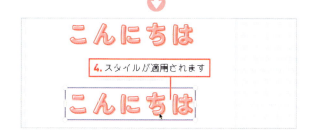

コピーされたスタイルがその要素に適用されます。

「スタイルをコピー」の便利なポイント

- テキストの場合は、フォント、色、サイズ、エフェクト（影やアウトラインなど）もコピーされます。
- オブジェクトの場合は、塗りの色や枠線の設定がコピーされます。
- 一度に複数の要素にスタイルを適用したい場合は、対象の要素をまとめて選択してください。
- 素材やテキストを配置したときに、毎回設定を繰り返さなくていいので便利です。

自動ガイドと配置調整

Canvaには、素材がガイドに吸着する「自動ガイド機能」があります。この機能を使えば、デザインの整列や配置を簡単かつ正確に行うことができます。

◆ ガイドラインの表示

素材を移動する際、キャンバス中央や他の素材との整列位置に近づくと自動的に紫色のガイドラインが表示されます。そのガイドに素材が吸着し、正確な配置や整列が視覚的に確認できます。

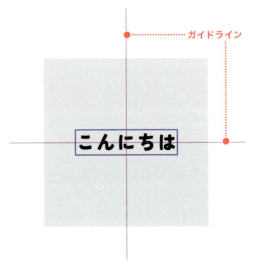

また、3つ以上の素材が並んでいる場合、要素間の隙間が均等かどうかを確認できるように、間の隙間の幅が数値で表示されます。これを活用すれば、素材を均等に配置するのがより簡単になります。

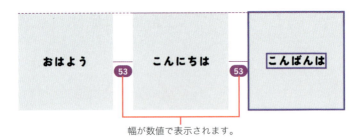

幅が数値で表示されます。

> **Point**
> **吸着を無効にする方法**
> Windowsでは Ctrl キー、Macでは command キーを押しながら移動することで、この吸着動作を無効にし、スムーズに素材を動かすことも可能です。

◆ キーボードでの微調整

細かい調整が必要な場合は、キーボードの矢印キー ← → ↑ ↓ で素材を移動できます。ピクセル単位の微調整が可能です。

Part 3

SNS用画像を作ろう

3-1 デザインの新規作成

Canvaでは、あらかじめSNSごとに適した画像サイズが用意されています。ホーム画面でSNSのアイコンをクリックすると、InstagramやFacebookなど、各SNSに適した画像サイズを選んでデザインを作り始めることができます。

主なSNSの画像サイズ

Instagramの投稿用画像サイズを選びたい場合は、ホーム画面のカテゴリー内から「SNS」をクリックし、その中から「Instagram投稿」を選択します。
目的のサイズが見つからない場合は、検索機能を活用して適切なサイズを探してみてください(P.14参照)。

▼代表的なSNSの画像サイズ一覧

SNSの種類		画像サイズ
Instagram	Instagram投稿(4:5)	1080 × 1350px
	Instagramストーリー(ストーリーズ)	1080 × 1920px
X / Twitter	X / Twitter投稿	1600 × 900px
	X / Twitter投稿ヘッダー	1500 × 500px
Facebook	Facebook投稿(横)	1200 × 630px
	Facebookカバー	1640 × 924px
YouTube	YouTubeサムネイル	1280 × 720px
	YouTubeバナー(チャンネルアート)	2560 × 1440px
Pinterest	Pinterestピン	1000 × 1500px
LinkedIn	LinkedInの投稿画像	1200 × 1200px
note	note記事見出し画像	1280 × 670px

Instagramに投稿する方法

Instagramに投稿するためのデザインを作成する手順を見てみましょう。

① サイズを選ぶ

「SNS」をクリックし、その中から「Instagram投稿（4:5）」を選択します。

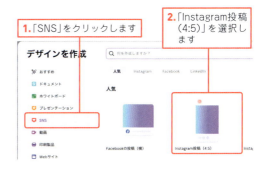

② テンプレートを選ぶ

左側メニューの「テンプレート」から好みのテンプレートを選びます。

③ テンプレートを適用する

テンプレートが複数ページのデザインの場合、すべてのページを適用するか、必要なページだけを適用するかが選べます。

④ 編集画面に表示される

編集画面に、選んだテンプレートが表示されます。

編集画面に表示されます

Check 目的のサイズが見つからないときは

一覧に表示されていない特定のサイズ（Instagramの縦長の投稿画像など）がある場合は、検索機能を活用して適切なサイズを探しましょう。

1. 「Instagram」と入力して検索します
2. 作成するサイズを選択します

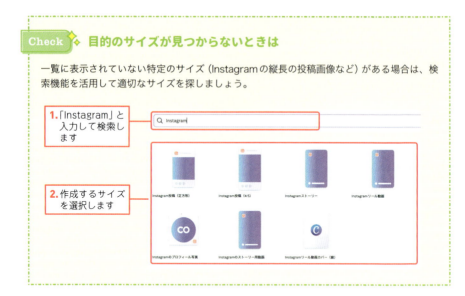

Chapter 3-2 Instagram投稿デザインのポイント

SNSの中でも、特にInstagramに投稿する画像はCanvaで作ると便利です。おすすめサイズの設定や、デザインのコツなどをご紹介します。

Instagramのおすすめ投稿サイズ

Instagramでは、縦型（4：5）サイズがおすすめです。縦型の投稿は、画面の高さを有効に活用でき、タイムライン上で目立ちやすくなります。

✦ プロフィールページの表示にフィットする形

プロフィールページでは、投稿画像は縦型（4：5）の比率でサムネイル表示されます。そのため、縦型（4：5）サイズで作成しておくと、デザインの全面がしっかり見える状態でサムネイルが並びます。

目立つ投稿を作る

Instagram投稿を目立たせ、より多くの人に見てもらうためには、デザインを工夫し、タイムライン（フィード）で目立つ投稿を作ることが大切です。
以下の3つのポイントを押さえて、効果的なデザインを作成しましょう。

◆ 投稿を目立たせるための3つのポイント

① 読みやすい文字を使う

タイムラインに投稿が並ぶ中、小さくて読みにくい文字はスルーされがちです。視認性の高いフォントやデザインを心がけましょう。

- 文字と背景のコントラストをしっかりつけて、はっきり読めるようにする。
- 文字に影や袋文字などのエフェクトを追加して、読みやすさを向上させる。

② 強弱をつける

投稿の中で目立たせたい部分を明確にするために、文字やデザインに強弱をつけましょう。

- 強調したい部分には、大きなフォントサイズや目立つ色を使用する。

例えば、「最新トレンド」のような投稿では、キーワードである「最新」を目立たせることで視線を引きつけやすくなります。

③ 他との差別化を意識する

タイムラインで目に留まるためには、オリジナル性を出すことがポイントです。

- テンプレートを使用する場合でも、色やイラストを変更するなど、カスタマイズを加える。
- 他の競合投稿と差別化を図ることで、自分らしいデザインを作る。

複数画像で投稿する

Instagramの場合、1枚の画像を投稿するよりも複数画像（カルーセル投稿）を活用する方が、より多くの情報を効果的に伝えることができます。
複数画像の投稿は、ユーザーの関心を引きつけやすく、投稿のエンゲージメント（いいねや保存）を向上させる効果があります。

構成の基本例
表紙、内容、サンクスページ

❶ 表紙
投稿全体の「顔」となる部分。視線を引きつけるキャッチコピーや大胆なデザインを取り入れましょう。

❷ 内容ページ
縦長のサイズであれば、情報量をしっかり詰め込むことができます。動画やアニメーションを入れることもできるので、視覚的なインパクトや変化をつけるのもおすすめです。
※アニメーションについてはP.141〜145、P.180〜181で詳しく紹介しています。

❸ サンクスページ
最後のページに、自分がどんな人なのかを伝える自己紹介を追加することで、プロフィールページへ移動しなくても情報を伝えることができます。
「ダブルタップしていいね！」や「保存して後でチェック」といったメッセージを入れることで、アクションを促す効果もあります。

✦ ページを増やす方法

Canvaでは、投稿画像の枚数を増やすのも簡単です。

キャンバスの下に「ページを追加」ボタンがあり、クリックすると新規ページが追加されます。

もし、先に作ったデザインを引き継いでページを増やしたい場合は、キャンバスの右上にある「ページを複製」をクリックすると、デザインがコピーされた状態でページを複製できます。

ページを複製します
ページを追加します

ページを追加します

> **Check** ✦ **スマホでページを増やす方法**
>
> Canvaのスマホアプリでは、パソコン版のような「ページを追加」ボタンがありません。キャンバスを左にスワイプすると、新しいページが追加されます。
> また、ページを複製したい場合は、複製したいページ全体が選択されるようにタップし、画面上部に表示される … をタップしてください。表示されるメニューの中にある「複製」をタップすることで、ページを複製できます。
>
> ▼ページを追加　　　▼ページを複製
>
>
>

94

3-3　CanvaからSNSに投稿する方法

Canvaで作成したSNS画像は、簡単にダウンロードして保存できます。保存したデザインは、InstagramなどのSNS投稿にそのまま活用できます。

作ったSNS画像をダウンロードする方法

「共有」ボタンから作った画像をダウンロードできます。ファイル形式も選べるので、投稿したいSNSに合わせて最適な方法で保存しましょう。

① 「共有」ボタンをクリックする

編集画面の右上にある「共有」ボタンをクリックします。

② 「ダウンロード」を選択

表示されたメニューから「ダウンロード」をクリックします。

③ ファイル形式を選ぶ

静止画の場合は、推奨されるPNG形式を選択すれば、高画質で保存されます。
動画の場合は、MP4形式を選択して保存します。

▼静止画の場合

▼動画の場合

④ ページを選択する（必要な場合のみ）

デザインが2ページ以上ある場合は、「ページを選択」というオプションが表示されます。

全ページをダウンロード
デフォルトではすべてのページが選択されています。

特定のページを選ぶ
ダウンロードしたいページだけを選択します。
例：内容ページにアニメーションを加えた場合、そのページだけをMP4形式で保存する際に便利です。

設定後クリックします

⑤ 「ダウンロード」をクリック

必要な設定をしたら、「ダウンロード」ボタンをクリックします。

設定後クリックします

Check ✦ スマホからSNSに投稿する場合

パソコンでダウンロードしたファイルは、スマホに転送する手間が発生します。
Canvaのスマホアプリから直接ダウンロードすると、画像がスマホにそのまま保存され、SNSへの投稿がスムーズです。InstagramやX（旧Twitter）の投稿時におすすめの方法です。
ダウンロードするときは、右上のエクスポートボタン 🔼 をタップしてください。
左隣にダウンロードボタン ⬇ もありますが、全ページを画像として一気にダウンロードするので、特定のページだけダウンロードしたいときはエクスポートボタン 🔼 からダウンロードしてください。

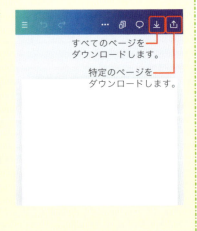

すべてのページをダウンロードします。

特定のページをダウンロードします。

Instagramに直接投稿する方法

Canvaで作成したデザインを、直接Instagramに投稿することが可能です。
ただし、Canvaから直接投稿できるのは1枚の画像のみです。複数枚の画像をスライドして表示させる投稿（カルーセル投稿）には対応していないため、その場合は一度デザインをダウンロードしてから、Instagramアプリで通常の投稿を行う必要があります。
投稿方法は以下の通りです。

① 共有先を選択する

右上にある「共有」ボタンをクリックし、表示されるメニューから「Instagram」をクリックします。

Point
「Instagram」が表示されていない場合は、「すべて表示」をクリックして「Instagram」を探してください。

② 投稿方法を選ぶ

モバイルアプリまたはデスクトップ、どちらの方法で投稿するかを選択できます。
それぞれの方法については次ページから解説します。

✦ モバイルアプリから投稿する

Canvaのスマホアプリと Instagram を連動させて、デザインを投稿できます。

① 投稿方法を選ぶ

「モバイルアプリからすぐに投稿」を選んで「続行」をクリックします。

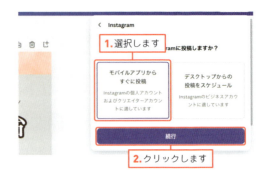

② QRコードを読み取る

QRコードが表示されるので、スマホで読み取ります。
Canvaのスマホアプリが起動し、現在のデザインが表示されます。

▲スマホの画面

③ スマホでInstagramを起動させる

Canvaのスマホアプリ画面の右上にあるエクスポートボタンをタップすると、共有メニューが表示されるので「Instagramパーソナル」を選択します。
自動的にデザインの準備が始まります。

Point

共有メニューに「Instagramパーソナル」がない場合は、「もっと見る」から探しましょう。

④ Instagramに投稿する

準備が完了すると、自動的にInstagramのアプリに切り替わります。ストーリーズ、フィード（動画の場合はリール）、メッセージとして投稿できます。

▲ストーリーズ

▲フィード

✦ デスクトップから投稿する

デスクトップ版のCanvaでは、Instagramビジネスと連携すれば、そのままInstagramに投稿することが可能です。

> Instagram は Meta 社が運営しているため、Canvaから直接投稿するには、Instagramのビジネスアカウントと Facebookページの連携が必要です。Instagramのビジネスアカウントは無料で作成でき、投稿の分析データの確認、広告の出稿など、ビジネス向けの便利な機能が使えるようになります。

① InsragramとFacebookを連携する

Instagramをビジネスアカウントに切り替えて、InstagramアカウントをFacebookページにリンクしたら、「FacebookでInstagramのビジネスアカウントと連携」ボタンをクリックします。

② FacebookとCanvaを連携する

新規ウィンドウが開き、Facebookのログインページが表示されるので、ログインします。

正しいアカウントとリンクされているかを確認し、問題なければ「保存する」をクリックします。

③ Instagramに投稿する

連携が完了すると、Canvaの画面にInstagramアカウントが表示されます。
アカウント名を選択すると、キャプションを書き込むスペースが表示されます。必要な情報を記入したら「公開」ボタンをクリックして投稿します。

1. 表示されます

Point
無料版Canvaの場合は、各SNSプラットフォームにつき1つのアカウントしか連携できません。
複数のアカウントを連携させたい場合は、Canvaプロ（有料プラン）に加入しましょう。

2. クリックします

⚠️ 注意

Canvaから画像を直接投稿できるのは、原則1枚のみです。複数枚の画像をスライドして表示させる投稿（カルーセル投稿）は、直接投稿には対応していません。複数枚投稿したい場合は、一度デザインを端末にダウンロードしてから、Instagramアプリで通常の投稿をする必要があります。
ただし、Instagramパーソナルで直接投稿する場合は、複数枚の画像が自動的に動画形式で投稿されます。そのため、動画としてなら複数ページ投稿できます。

複数枚ある投稿が動画形式になっています

予約投稿する（👑有料プラン限定）

CanvaとInstagramのビジネスアカウントを連携すれば、予約投稿も可能です。

① 日付を設定する

左下のカレンダーマーク📅をクリックすると予約投稿画面になります。

日付と時間を決めて「完了」ボタンをクリックします。

② スケジュールを確定する

投稿画面に、予約した日時が表示されます。
問題なければ、「スケジュール」ボタンをクリックして予約設定完了です。

予約投稿の確認と編集

予約投稿完了画面の「コンテンツプランナー」をクリックすると、投稿スケジュールがカレンダー形式で確認できます。

Point
ホーム画面から確認するときは、左側メニューの「アプリ」にある「コンテンツプランナー」をクリックします。

予約投稿のサムネイルをクリックすると、編集画面が表示されキャプションなどを変更できます。

スケジュール日付の右にある … をクリックすると、スケジュールの変更や削除などができます。

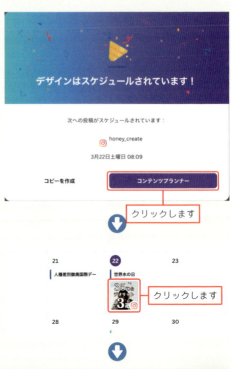

Part 4

印刷物を作ろう

4-1　印刷物のサイズの種類

Canvaでは、チラシやはがき、名刺などの代表的な印刷物を、テンプレートを選ぶだけで作ることができます。細かなサイズの設定なしで始められるので簡単です。

代表的な印刷物のサイズ一覧

印刷物にもさまざまなテンプレートが用意されています。検索機能を活用して、作りたい印刷物に適したサイズを探してみてください。

印刷物の種類	サイズ
A4チラシ	210mm × 297mm
名刺（縦）	55mm × 91mm
名刺（横）	91mm × 55mm
3つ折りパンフレット	297mm × 210mm
はがき（縦）	100mm × 148mm
はがき（横）	148mm × 100mm

Point 年賀状の送付時期になると、Canvaから直接年賀状の印刷注文もできるようになります。

年賀状（縦）	90mm × 138mm
年賀状（横）	138mm × 90mm

※年賀はがきに印刷を想定しているため、少し小さめのデザインになっています。

◆ カスタムサイズの設定方法

ちょうどいいサイズのテンプレートがない場合は、「カスタムサイズ」で作成しましょう。

① 「カスタムサイズ」を選択する

Canvaのホーム画面上部の「カスタムサイズ」🎨 またはデザイン作成ボタンから「カスタムサイズ」を選びます。

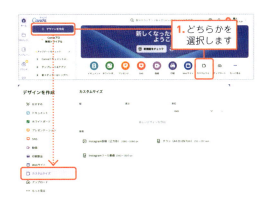

1. どちらかを選択します

② サイズを入力する

単位（mmやcmなど）を選び、印刷物に必要なサイズを正確に入力します。数値を入力すると「新しいデザインを作成」ボタンがアクティブになるので、クリックします。

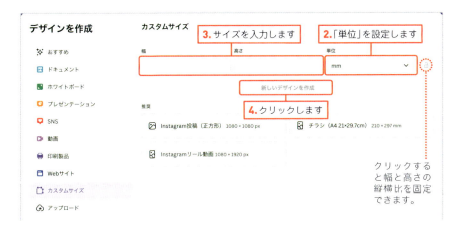

2.「単位」を設定します
3. サイズを入力します
4. クリックします

クリックすると幅と高さの縦横比を固定できます。

③ デザインを作成する

指定したサイズでキャンバスが開き、そこから自由にデザインを作り始められます。

インチ表示に注意

Canvaの一部テンプレートは、in（インチ）単位で表示される場合があります。これは海外仕様に基づいたテンプレートのため、特に注意が必要です。

例えば、名刺や三つ折りパンフレットなど、以前のCanvaではインチサイズしか選べなかったテンプレートがあります。これらのテンプレートをmm単位で調整すると、微妙なズレが生じる可能性があります。

印刷する際には、仕上がりサイズに誤差がないか事前に確認することをおすすめします。必要に応じて、テンプレートサイズを手動で微調整してください。

▼「パンフレット」のテンプレート一覧

作業中のテンプレートの単位を確認したい場合は、編集画面左上の「ファイル」メニューをクリックします。メニュー内にデザインサイズが表示されており、そこで単位（mm、cm、inなど）を確認することができます。

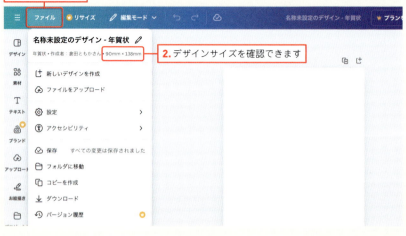

4-2　印刷物のデザインと保存

印刷物をデザインするときに注意したいのが、仕上がり時のイメージです。文字の大きさ、余白の状態、要素が見切れていないかなどを確認しながら進めましょう。

印刷に適した文字サイズとカラー

見た人に情報が伝わりやすい印刷物は、最適な文字の大きさと色でデザインされています。テンプレートを使う場合は、あらかじめ読みやすさ・伝わりやすさを意識したデザインになっていることが多いですが、自分でカスタマイズするときにも意識しましょう。

▼印刷物の編集画面

◆ 文字サイズ

印刷物の文字サイズは、デザインや目的に応じて適宜調整することが大切です。最小サイズは「6」を目安に、視認性に注意して設定してください。
若年層向けには、小さめの文字サイズでも対応できますが、シニア層向けには、**読みやすさを考慮して文字サイズを大きくする**のがおすすめです。

◆ カラー

Canvaでは、[#FF5733]といった**16進数カラーコード**で色を設定します。16進数カラーコードとは、「#」から始まる6桁の16進数で表記されるコードのことです。赤（R）、緑（G）、青（B）の光の3原色それぞれについて、2桁の16進数を用いて「00」から「FF」まで256段階の強弱を指定することができ、主にWebページ上の色を表現するために使用します。

Canvaは**RGB**（Webカラー）でのデザイン作成が標準のため、**CMYK**（印刷用カラー）で完全に再現するのは難しいという点にも注意が必要です。
画面上では鮮やかに見える色が、実際の印刷物ではくすんだ仕上がりになりやすく、デザイン全体の印象を損ねる可能性があります。どのように印刷されるかを考慮して、落ち着いた色合いや印刷に適したカラーを選ぶよう心がけましょう。
また、印刷会社によってはCMYKの指定が必須の場合もあるため、Canvaで作成したPDFデータが対応可能かどうか事前に確認すると安心です。

 Point
特に、蛍光色や極端に明るい色は印刷時に正確に再現しにくいです。よほどのことがない限り、使用を控えることをおすすめします。

▲RGBで表現された色味

▲CMYKで表現された色味

余白を表示

「余白を表示」で余白を簡単に確認できます。これを活用することで、重要なデザインが印刷時にカットされないように確認できます。

① 「余白を表示」を選択する

編集画面の左上にある「ファイル」をクリックし、「設定」から「余白を表示」をクリックします。

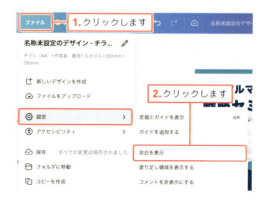

② 余白の範囲が表示される

編集画面に破線が表示されます。この破線は、目安となる余白の範囲を示しています。

余白範囲を示す破線

◆ カスタマイズした余白を設定する方法

「余白を表示」で表示される余白は、比較的大きめなので、自分なりの余白の目安をつけたい場合は「ガイド」の使用がおすすめです。

✦ ガイドの引き方

① 定規を表示します

編集画面の左上にある「ファイル」の「設定」から、「定規とガイドを表示」をクリックします。

② ガイド線をドラッグする

左側と上側の定規からドラッグしてガイド線を引きます。

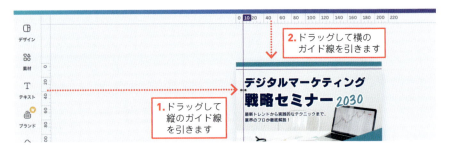

✦ ガイドをロックする方法

編集画面の左上にある「ファイル」の「設定」から、「ガイドをロック」をクリックします。ガイド線が固定され、誤って移動させる心配がなくなります。

私はチラシを作成する際、端から1cmの余白を取るようにしています。この設定により、重要な要素が切れてしまう心配がなくなります。ぜひ、自分のデザインに合った余白設定を試してみてください。

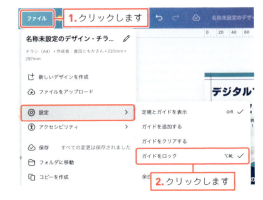

> **Point**
> Canvaは直感的に使えるデザインツールですが、コンマ数ミリ単位での細かいレイアウト調整には対応していません。より高精度な調整が必要な場合は、Adobe Illustratorなどの専門的なソフトを活用しましょう。

塗り足し領域を表示

印刷物を美しく仕上げるためには、塗り足し領域の設定が重要です。塗り足し領域とは、印刷時に紙の端がカットされても白い縁が出ないように、デザインを紙の端より広げた部分を指します。

◆ Canvaで塗り足し領域を表示する方法

① 「塗り足し領域を表示する」をオンにする

編集画面の左上にある「ファイル」の「設定」から、「塗り足し領域を表示する」をクリックします。

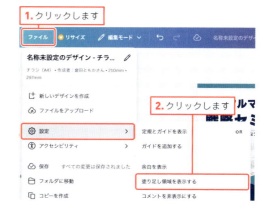

② 塗り足し領域が追加される

キャンバスが拡張され、塗り足し領域が追加されます。
グレーの線は、実際にカットされる部分を示しています。この線の外側までデザインを伸ばすことで、印刷後に白い縁が出るのを防げます。

グレーの線の外側が塗り足し領域

Point　背景や写真などのデザイン要素は、塗り足し領域までしっかり広げて配置しましょう。これにより、印刷後の仕上がりが美しくなります。

PDFに書き出す

書き出しの際に「PDF（標準）」を選ぶと、ファイルサイズを抑えた形式で保存できます。また、「PDF（印刷）」を選ぶと、印刷に適した形式で保存できます。用途に応じて使い分けましょう。

① 「ダウンロード」をクリックする

画面の右上にある「共有」ボタンをクリックし、「ダウンロード」をクリックします。

② ファイル形式を選択する

書き出すファイル形式を選びます。印刷物を書き出す場合は、PDFがおすすめです。

PDF（標準）
ファイルサイズを軽くしたい場合や、印刷を想定しないデータ保存におすすめです。

PDF（印刷）
高品質な印刷用PDFです。解像度が高く、印刷業者への入稿データとして最適です。

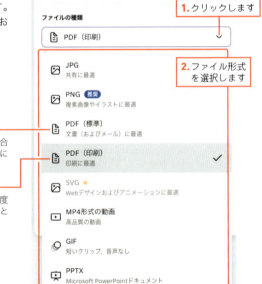

③ オプションを設定する

「PDF（印刷）」を選択した場合、以下の設定をカスタマイズできます。

④ 保存する

設定が完了したら、「ダウンロード」ボタンをクリックしてファイルを保存します。

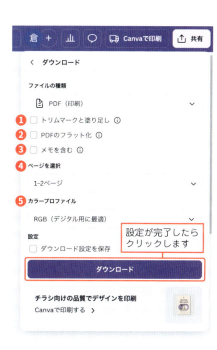

設定が完了したらクリックします

❶ トリムマークと塗り足し

トリムマーク（印刷物の仕上がりラインを示す目印）を追加し、塗り足し領域を含めて保存できます。印刷業者に依頼する場合は、この設定を有効にするのがおすすめです。

> Point
> 印刷業者によっては不要な場合もあるので、事前に確認してください。

家庭用プリンターで印刷する場合は、手作業でカットするとき以外は基本的にトリムマークは必要ありません。

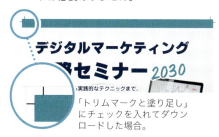

「トリムマークと塗り足し」にチェックを入れてダウンロードした場合。

❷ PDFのフラット化

PDFをフラット化すると、デザイン全体が画像のように扱われるため、フォントや素材が正確に表示されます。また、他のソフトで編集されることを防ぎ、デザインを正しく再現したいときに設定します。
ただし、小さい文字や細い線はフラット化すると潰れたように見える場合があるため、「フラット化」のチェックを入れた状態と外した状態で仕上がりを比較してみるのがおすすめです。

❸ メモを含む

Canvaの編集画面内で「メモ」機能を使用している場合、そのメモをPDF内に表示することができます。
デザインの補足説明や共有用の注釈を付けたいときに便利ですが、印刷データとして使用する際は不要な場合が多いので、用途に応じて設定してください。

❹ ページを選択
（2ページ以上のデザインの場合）

2ページ以上あるデザインでは、「ページを選択」オプションが表示されます。
すべてのページが選択された状態でダウンロードすると、1つのPDFにまとまります。特定のページだけを保存したい場合は、書き出したいページを選択します。

❺ カラープロファイル（CMYK）

有料プランでは、CMYKカラープロファイルを選択することで、印刷に適した色調に調整できます。

> **Check** 🌟 **自宅で印刷する場合の確認事項**
>
> Canvaで作成したデザインを家庭用プリンターで印刷する場合は、以下に気をつけましょう。
>
> - **トリムマークや塗り足しは不要**
>   家庭用プリンターでは、トリムマークや塗り足しが不要な場合がほとんどです。
>
> - **縁なし印刷**
>   端まできれいに印刷するには、プリンターが「縁なし印刷」に対応しているかを確認しましょう。対応していないと、印刷時に白い余白ができることがあります。
>
> - **プリンターの設定**
>   用紙サイズなどの印刷設定も確認しましょう。詳しくは、お使いのプリンターの取扱説明書やメーカーの公式サイトでチェックしてみてください。

4-3　Canvaで直接印刷注文する

Canvaでは、作成したデザインをそのまま印刷注文することができます。自宅や外注で印刷する手間を省き、注文から印刷・配送まで一括で行えるため、手間をかけずにプロ仕様の仕上がりを実現できます。

印刷注文の流れ

Canvaでの印刷に対応しているサイズのデザインの場合、編集画面右上に「Canvaで印刷」ボタンが表示されます。印刷オプションの詳細は印刷するアイテムによって異なります。ここではチラシデザインの場合を見てみましょう。

① 印刷するページを選択する

「表のみ」または「❶表・❷裏」から選択できます。

② 詳細を設定する

紙の大きさや種類など、印刷物の詳細を選択します。設定が完了したら、「続行」ボタンをクリックします。

❸ サイズ
A5・A4から選べます。

❹ 用紙の種類
普通紙・上質紙・デラックス紙から選べます。

❺ 仕上げ
マット仕上げ・光沢仕上げ・コーティングなしから選べます。

❻ 数量
必要な部数を選択します。

③ 最終チェックを行う

「印刷の準備を整えましょう」という画面が表示され、CanvaのAIが文字サイズや塗り足しなどの印刷品質を自動でチェックし、必要に応じて警告が表示されます。問題が検出されなければ、カートに追加できます。

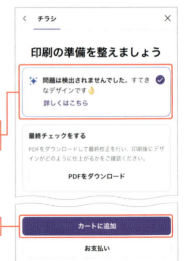

1. 自動チェックの結果を確認します
2. クリックします

memo 検出されがちな問題点

問題が検出された場合は、指摘された箇所を修正しましょう。よく起きる問題には、以下のようなものがあります。

- 塗り足し領域が足りていない（デザインが端まで届いていない）
- 見切れる範囲に素材が配置されている（テキストや画像がカットされる可能性がある）
- 文字サイズの問題（小さすぎて読みづらい可能性がある）

AIの指摘に合わせてデザインを変更すると、レイアウトが崩れることがあるため、必ずしも従う必要はありません。あくまで参考程度にし、最終的なデザインの仕上がりを確認しながら調整しましょう。
また、「自動的に修正」にチェックを入れると、AIが自動で調整を行います。ただしベータ版の機能のため、細かい調整は手動で行うのがおすすめです。

④ 注文を完了する

カートに入れ、送り先住所を入力し、支払い方法を登録すると注文完了です。
後日、指定した住所に印刷されたデザインが届きます。配送には数日かかるため、余裕を持って注文しましょう。

◆ 印刷に対応していないデザインの場合

Canvaでの印刷に対応していないサイズのデザインでも、「共有」→「Canvaで印刷する」を選択すると、印刷可能なアイテムの一覧が表示されます。
希望のアイテムを選択すると、そのサイズに自動的にリサイズされたコピーが作成され、印刷用の編集画面が開きます。自動リサイズされた場合、テキストや画像の配置が崩れる可能性があります。印刷前に必ずデザインを確認・調整しましょう。

Canvaで印刷できるアイテム

Canvaでは、名刺やチラシだけでなく、さまざまなアイテムの印刷が可能です。

▼印刷可能なアイテム一覧

名刺・カード類	・日本標準の名刺（横 - 9.1×5.5cm） ・日本標準の名刺（縦 - 5.5×9.1cm） ・角丸加工された日本の名刺（横 - 9.1×5.5cm） ・角丸加工された日本の名刺（縦 - 5.5×9.1cm） ・正方形のカード ・2つ折りのカード（縦） ・2つ折りのカード（横） ・招待状（縦） ・招待状（横） ・ギフト券 ・タグ
印刷物 （チラシ・パンフレット・レター）	・チラシ（縦） ・チラシ（横） ・3つ折りパンフレット ・パンフレットラック用カード（縦） ・パンフレットラック用カード（横） ・レターヘッド
ポスター	・ポスター（縦） ・ポスター（横） ・両面ポスター（縦） ・両面ポスター（横）
カレンダー	・壁掛けカレンダー
ステッカー	・ステッカー（円形） ・ステッカー（楕円形）（横） ・ステッカー（楕円形）（縦） ・ステッカー（長方形）（横） ・ステッカー（長方形）（縦） ・ステッカー（正方形）
アパレル・グッズ	・Tシャツ ・トートバッグ ・マグカップ
その他	・ノート ・インフォグラフィック

Part 4　印刷物を作ろう

◆ Canvaで印刷注文を利用するメリット

Canvaで印刷注文を利用すると、以下のようなメリットがあります。

- デザインから印刷まで一括で完了できるため、印刷会社への入稿作業が不要
- 自宅でプリントする手間が省けるため、手軽に印刷できる
- プロ仕様の仕上がりで印刷されるため、ビジネス用途やプレゼントなど特別な用途にも最適
- 名刺の印刷は特におすすめ

例えば、名刺の場合200枚でも2,000円台で印刷可能です。約3〜4日で届き、紙もしっかりとした厚紙なのでコストパフォーマンスが高いです。

印刷の数量別に料金を確認できます。

Canvaの印刷注文で環境保護に貢献

Canvaは、環境保護の一環として印刷を注文するごとに1本の木を植える活動に取り組んでいます。印刷するたびに環境保護へ貢献できるのは、嬉しいポイントですね。

Part 5

プレゼン資料を作ろう

5-1 プレゼン資料の新規作成

Canvaには、プレゼン資料のテンプレートも豊富に用意されています。デザインに自信がない人でも、デザイン性が高く見栄えの良い資料を短時間で仕上げることが可能です。

プレゼン資料作成を始める方法

Canvaには、プレゼン資料用のテンプレートがいくつか用意されています。用途に合わせて適切なサイズを選択しましょう。

① 「デザインを作成」ボタンをクリックする

ホーム画面左上の「デザインを作成」ボタンをクリックします。

② 任意のサイズを選ぶ

左側に表示されたカテゴリの中から「プレゼンテーション」をクリックし、作りたいサイズのサムネイルをクリックします。

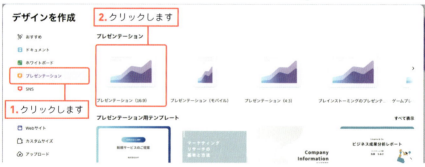

Point　ホーム画面の「プレゼンテーション」 からも作成開始できます。その場合、プレゼンテーション（16:9）サイズが開かれます。

▼ホーム画面のカテゴリー一覧

主なプレゼン資料のサイズ

仕事や学業で使うスライドの代表的なサイズは以下の通りです。

スライドの種類	サイズ	説明
プレゼンテーション（16：9）	1920×1080px	一般的な横長のスライドサイズです。
プレゼンテーション（4：3）	1024×768px	旧来のプロジェクターに多いサイズです。
プレゼンテーション（モバイルファースト）	1080×1920px	スマートフォンで閲覧するのに適した縦型スライドです。

ページを追加・整理する

簡単にページ（スライド）を追加したり、複製したり、順番を変更したりすることができます。編集画面の下に並んでいるページから操作をします。

ページを追加する

最終ページの後ろに1ページ追加する

最終ページの右横に表示されている「＋」ボタンをクリックすると、最終ページの後ろに1ページ追加されます。

▼プレゼンテーションの編集画面

✦ ページとページの間に1ページ追加する

ページとページの間にカーソルを置くと「ページを追加」ボタン + が表示され、クリックするとその位置に新しいページが挿入されます。

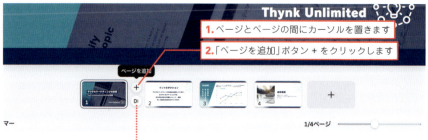

切り替えを追加（P.145参照）

✦ 指定したページの直後に新しいページを追加する

ページを選択し、右クリックまたは ••• から「ページを追加」をクリックすると、指定したページの直後に新しいページが追加されます。

ここをクリックでも可。

ショートカットキー　**ページを追加する**
Windows：Ctrl + Enter
Mac：command + enter

◆ ページを複製する

複製したいページを選択し、右クリックまたは … から表示された項目内の「ページを複製」をクリックすると、複製されます。

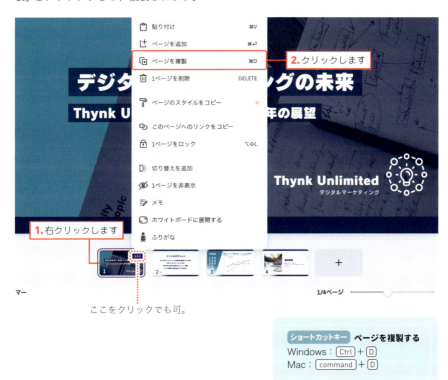

◆ ページの順番を変更する

移動したいページを選択し、ドラッグ＆ドロップして順番を入れ替えできます。

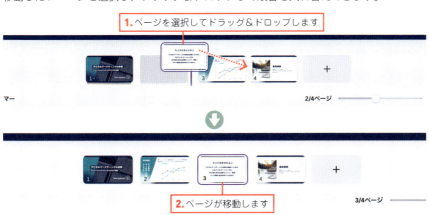

◆ ページを非表示にする

非表示にしたいページを選択し、右クリックまたは ••• から「1ページを非表示」をクリックします。
ページのサムネイルに 👁 が表示されていれば、そのページは共有した際に非表示になります。

Point
プレゼン発表時など、他人とスライドを共有した際に表示させたくないページがある場合に便利です。

◆ ページを削除する

削除したいページをクリックして delete キーを押すと、ページが削除されます。右クリックまたは ••• から「1ページを削除」を選択しても同様に削除できます。

> **Check** 複数ページを選択して操作する
>
> shift キーを押しながら複数のページを選択すると、一気に複数ページの順番の変更・複製・移動などが可能です。

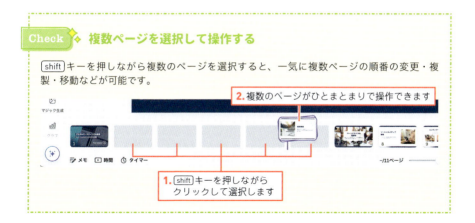

グリッドビューを活用する

グリッドビューを使うと、すべてのページを一覧で確認でき、ページの順番変更や削除、複製がしやすくなります。
グリッドビューは、編集画面下の「グリッドビュー」 をクリックすると開きます。

memo　Canvaのスマホアプリはグリッドビューで編集がおすすめ

Canvaのスマホアプリでは、ページの追加や複製の操作がしやすいため、グリッドビューでの整理がおすすめです。
ピンチイン（2本指を近づける動作）をすると、グリッドビューが開きます。元の表示に戻すときはピンチアウト（2本指を離す動作）をします。

1. 画面上でピンチインします
2. グリッドビューに切り替わります

Check　編集画面の表示タイプについて

Canvaの編集画面は、デザインの種類によってデフォルトのページの表示方法が異なります。作成するデザインに合わせて、適した表示タイプになっています。

例）プレゼンテーションの場合　　　　　　例）チラシやSNS画像の場合
▼サムネイルの表示（編集画面の下にページが並ぶ）　▼スクロールビュー（縦にスクロールする）

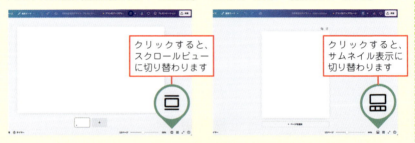

クリックすると、スクロールビューに切り替わります

クリックすると、サムネイル表示に切り替わります

※他にも、動画やWebサイトなど、デザインの種類によって異なる表示形式があります。

5-2 グラフ・図表の挿入

プレゼン資料にグラフを入れることで、データや情報を視覚的にわかりやすく伝えることができます。Canvaでは、様々なグラフ素材もあるので、簡単に追加できます。

グラフを追加する方法

スライドの中にグラフを追加して、説得力のある資料を作りましょう。

① 「素材」をクリックする

サイドバーの「素材」をクリックします。

② 使いたいグラフを選ぶ

下へスクロールすると、「グラフ」があります。
「すべて表示」をクリックすると、さまざまな種類のグラフが表示されるので、使いたいデザインのグラフを選択します。

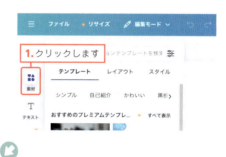

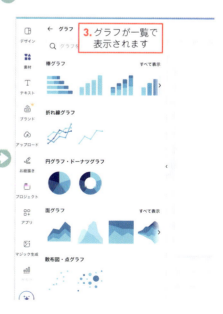

③ サイズや配置を調整する

グラフを選択して表示される紫の枠線の上下左右や四隅をドラッグすることで、グラフのサイズ変更が可能です。
上部のツールバーでグラフの色、線の太さ、文字のスタイルなども編集できます。

④ グラフデータを入力する

グラフを配置すると、左側にグラフのデータを入力する画面が表示されます。
データは手動入力だけでなく、XLSX、CSV、TSVなどのファイル形式のデータをアップロードして使用することも可能です。
もし左側のメニューが閉じている場合は、グラフを選択してツールバーの「編集」をクリックすると再表示できます。

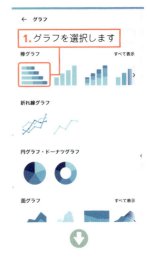

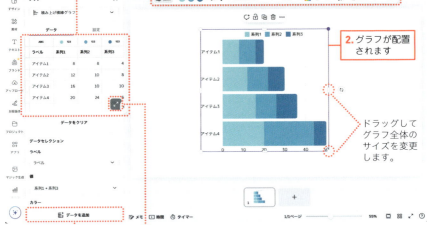

データを編集できます。　グラフのスタイルを編集します。

ファイルをアップロードして　クリックするとデータ表を展開します。
グラフに使用します。

> **Point**
> 左側の設定画面が閉じている場合は、グラフを選択し、ツールバーの「編集」をクリックすると再表示できます。
>
> クリックすると設定画面を表示します

> **Check** ✦ **データの変化を見せる動的な棒グラフ**

Canvaのグラフには、「動的な棒グラフ」があります。通常のグラフとは異なり、データが変化する様子をアニメーションで表現できます。
例えば、数十年間の市場シェアの変化を可視化する際など、順位の入れ替わりがアニメーションで表示されるため、視覚的にもわかりやすく、プレゼンで注目を集めやすいのが特徴です。
データの推移を伝える際に、数字だけでは伝わりにくい変化を視覚的に表現できるため、ぜひ活用してみてください。

▼動的な棒グラフの編集画面

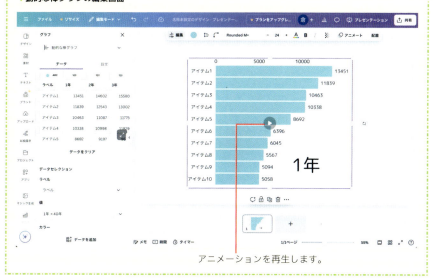

アニメーションを再生します。

表を挿入する方法

データを整理したり、情報をわかりやすく伝えたりするために「表（テーブル）」を挿入することができます。プレゼン資料やレポート、比較表など、さまざまなデザインで活用できます。

① 「素材」から表を選ぶ

サイドバーの「素材」から「表」を探します。
「すべて表示」をクリックすると、さまざまな種類の表が表示されるので、作りたいスタイルに近い表をクリックします。

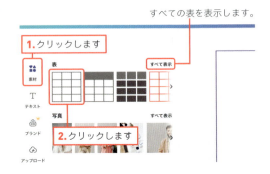

② 表を配置する

選択した表が編集画面に挿入されます。

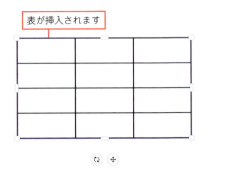

◆ 表にテキストを入れる

セルを選択してテキストを入力すると、表にテキストが入ります。
フォントの変更や文字の大きさ、テキストの配置など、通常のテキストと同様の編集ができます。
文字の入力や編集についてはP.22～24で解説しています。

Shiftキーを押しながらセルをクリックすると、セルを複数選択することができ、一度にまとめてスタイルを変えることができます。
複数選択するとその部分だけが紫の枠で囲まれます。

全体のスタイルを一度に変えたいときは、全体をドラッグして選択します。

◆ 表の編集

列や行の側に表示される三点リーダー … をクリックすると、表の編集メニューが表示されます。
コピーや貼り付け、列や行の追加・削除、セルの結合などができます。

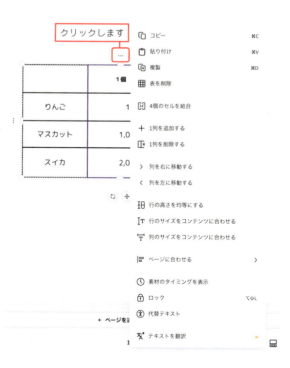

表の四隅や上下左右の辺をドラッグすると、表のサイズを変更できます。行ごと、列ごとにセルの幅をまとめて変えることも可能です。

三点リーダー … をドラッグすると、列ごと、行ごとに場所を入れ替えることができます。

◆ 表に色をつける

① 色をつけたいセルを選択し、上部ツールバーの「カラー」 ✎ をクリックします。

② 左側に表示される「カラー」メニューからお好みの色を選択すると、セルに色が適用されます。

◆ 表の罫線の編集

上部ツールバーの「罫線」⊞から、表の線のスタイルを変更できます。対象となる線のアイコンを選んでから色や線の幅や点線などを選べます。

▼罫線（横、内側）を選択して、線の色を変えたもの

	1個	3個
りんご	100円	250円
マスカット	1,000円	2,500円
スイカ	2,000円	5,000円

▼罫線（横、内側）を選択して、線をなしにしたもの

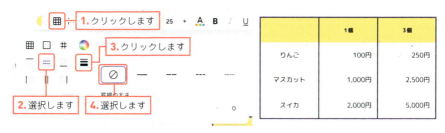

上部ツールバーの「セルの間隔」|↔|をクリックすると、セルの間隔と余白を設定できます。

▼セルの間隔を広げた例

	1個	3個
りんご	100円	250円
マスカット	1,000円	2,500円
スイカ	2,000円	5,000円

Point 表の大きさや色、罫線のスタイルを自由に変更して、デザインの枠としても使うこともできます。

Check ExcelやGoogleスプレッドシートのデータをそのまま貼る

現時点では、Canvaの表には表計算の機能がありません。そのため、会計表や売上データなどの計算が必要な表を作成したい場合は、ExcelやGoogleスプレッドシートで計算済みの表をCanvaの表に貼り付けて、デザインの一部として表を活用するのがおすすめです。数値データの入力ミスを防ぎ、なおかつデザイン性のある表にカスタマイズできます。

① ExcelファイルやGoogleスプレッドシートを開き、Canvaで使いたいデータの範囲を選択してコピーします。

② Excelファイルと同じセル数の表をCanvaで作っておき、コピーしたセルと同じ範囲を選択してペーストすると、データがそのままCanvaに反映されます。

1. セル数の同じ表を作成しておきます
2. 同じ範囲にペーストします

自動ページ番号の設定

すべてのページに、自動的にページ番号を追加する機能です。ページの移動、追加、削除、非表示などをしても、ページ番号が自動で更新されます。

① 左側のメニューから「テキスト」をクリックし、「動的テキスト」の「ページ番号」を選択します。

② 全ページの右下に小さい文字でページ番号が追加されました。

ページ番号が追加されました。

◆ ページ番号のデザインを変える

追加されたページ番号は、フォント・サイズ・カラーなどのデザイン編集が可能です。ページ番号を追加した後にページ番号の数字を選択すると、通常のテキストと同じようにフォント、文字の大きさ、文字色などを変更できます。配置場所の移動も可能です。

◆ 変更したスタイルを全ページに適用する

① まず1ページ分だけページ番号のスタイルを変更したら、ページ番号を選択した状態でツールバーの「編集」をクリックします。

② 左側に表示されたメニューから「外観と配置」の「設定をすべてのページに適用」ボタンをクリックします。
すると、全ページのページ番号もそのページと同じページ番号のデザインスタイルに変更されます。
ページのデザインに合わせてページ番号もカスタマイズしてみてください。

1. クリックします

2. デザインがすべてのページ番号に変更されます

テキストを検索して置き換える

ドキュメントやデザイン内のテキストを、一括で検索・置き換えすることができます。
誤字の修正や、特定の単語を別の表現に統一したいときに便利です。

① 画面左上の「ファイル」から「テキストを検索して置き換える」をクリックします。

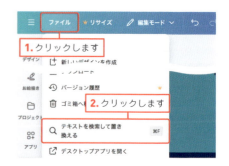

② 検索窓が表示されるので、検索したいテキストを入力します。
該当するテキストは、ハイライト表示されます。

該当テキストがハイライト表示になります。

③ 「以下のテキストに置き換える」欄に置き換えたいテキストを入力し、「置き換える」をクリックすると反映されます。
「すべて置き換える」をクリックすると、一括で変更が可能です。

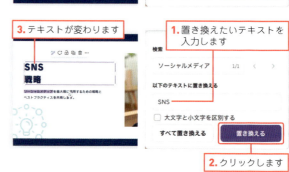

Chapter 5-3 効果的な動きをつける

単なるスライドショーではなく、デザインに動きを加えて視覚的なインパクトを与えることで、伝えたい内容がより印象的に届くスライドを作ることができます。

アニメートの設定方法

アニメート機能を使うと、デザイン内のテキストや画像に動きをつけることができます。例えば、タイトルをスッと表示させたり、画像をふわっと登場させたりといった演出が可能です。

① 動きをつけたいテキストや素材を選択し、上部ツールバーの「アニメート※」ボタンをクリックします。

※すでにテンプレートなどでアニメートが設定されている場合は、アニメーションの名称を表示している場合もあります。

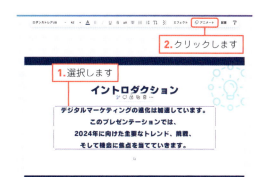

② 左側に表示されるメニューから、好きな動きを選びます。テキストと写真では、選択できるアニメートが違います。

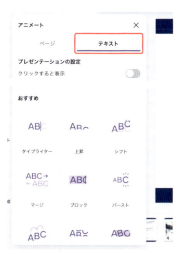

Point
Canvaプロ（有料プラン）になると、速度調整などの詳細設定が可能になります。

◆ ページ全体のアニメーションを設定する

ページ全体にアニメーションを設定すると、ページ内のすべての要素に一括で動きをつけることができます。個別の要素ごとにアニメーションを設定する方法とは異なり、ページ全体に統一感のある動きをつけたいときに便利です。

① 編集画面下の動きをつけたいページを選択し、キャンバス上に配置された素材を何も選択せずに、上部ツールバーの「アニメート」ボタンをクリックします。

142

② 左側に表示されるメニューから、好きな動きを選びます。

アニメーションを選択します

③ アニメーションを選択すると、上部ツールバーの「アニメート」ボタンがアニメーションの種類名に変わります。
画面下に表示される「すべてのページに適用」ボタンをクリックすると、他のページにも同じアニメーションが適用されます。

表示が変わります

クリックします

◆「クリックして表示」の設定方法

プレゼンテーションを行う際は、クリックして次の要素を表示する「クリックして表示」を活用すると、話の流れに沿ってスライドを進めやすくなります。

① 「クリックして表示」を適用させたい複数の素材を選択し、上部ツールバーの「アニメート」ボタンをクリックします。

Point　複数選択する場合は、ドラッグして複数の素材を囲んだり、shiftキーを押しながらクリックします。

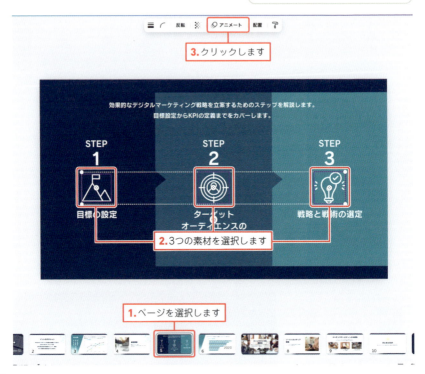

② 左側に表示されるメニューから、「クリックすると表示」をONにし、「順序をクリック」というボタンが表示されるのでクリックします。

Point　「クリックすると表示」は、プレゼンテーションの全画面表示や発表者モードのときのみ機能します。

144

③ 表示される順番を変更できます。
順番はドラッグすることで入れ替えることができ、上から順番に表示されます。

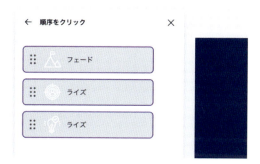

トランジションの設定方法

ページを切り替えたときの動きを設定するのが「トランジション」です。トランジションを設定すると、ページの切り替えがスムーズになり、流れのあるプレゼンテーションを演出できます。

① ページとページの間にカーソルを持っていくと、「切り替えを追加」ボタン が表示されるのでクリックします。

Point
ページを選択し、右クリックまたは から「切り替えを追加」を選択しても同じです。

② 左側に表示されるメニューから、好みのトランジションを選んで適用します。切り替え効果の向きやスピードなどの調整も可能です。

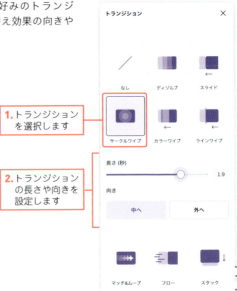

1. トランジションを選択します

2. トランジションの長さや向きを設定します

③ トランジションを設定すると、設定画面の下に「すべてのページに適用」ボタンが表示されます。
これをクリックすると、すべてのページに同じ切り替え効果を適用できます。

1. クリックします

2. すべてのページに効果が適用されます

> **Check** ✧ **マジックアニメーション（♛有料プラン限定）**

アニメートの設定にある「マジックアニメーション」を使うと、AIが自動でデザイン全体にアニメーションを適用し、瞬時に動きのあるプレゼン資料を作成できます。
1ページずつアニメーションを設定する手間がなく、簡単に一貫性のある動きを加えられます。
マジックアニメーションは、プレゼンテーション、SNS、動画用の編集画面のみ表示されます。

▼アニメーション一覧

5-4　プレゼンテーションを行う

Canvaでは、作成したプレゼン資料をそのままプレゼンテーションモードで発表できます。全画面で見せたり、発表者用のツールを活用したりと、さまざまな方法で効果的なプレゼンが可能です。

プレゼンテーションモードの設定方法

❶ 全画面表示

プレゼン資料が画面全体に表示されます。余計なツールバーなどがなく、シンプルで、スライドが見やすい表示モードです。
矢印キー（→、←）やクリックでスライドを切り替えることができます。

❷ 発表者モード

「参加者ウィンドウ」と「プレゼンテーションウィンドウ」の2つのウィンドウが開かれます。

◆ 参加者ウィンドウ

視聴者に見せるウィンドウです。外部モニターやプロジェクターに映す場合は、このウィンドウを全画面表示にすると、余計なメニューが表示されずスッキリ見せることができます。

◆ プレゼンテーション ウィンドウ

台本やメモなどを確認しながらスライドの操作ができる発表者用の画面です。発表者モードでは、発表をサポートするさまざまな機能が利用できます。
詳しくは、P.150で解説します。

❸ プレゼンと録画

プレゼンテーションをしながら画面を録画することが可能です。
録画を開始すると、プレゼン資料と発表者のカメラ映像が一緒に記録され、発表者ウィンドウで進行しながらスムーズに収録できます。
録画後は、MP4形式でダウンロードしたり、録画のリンクを共有して簡単に視聴してもらうことができます。
詳しくは、P.154で解説します。

❹ 自動再生

スライドが一定の秒数ごとに切り替わるため、手動で操作することなくプレゼンを流すことができます。
企業説明のデジタルサイネージや、展示会・イベントなどで繰り返し流す資料を作成する際に便利です。
自動再生を終了したいときは、[esc]キーを押してください。

発表者モードの詳細

プレゼンテーションの「発表者モード」を選択すると、「参加者ウィンドウ」と「プレゼンテーションウィンドウ」の２つの画面が開かれます。

◆ プレゼンテーションウィンドウの機能

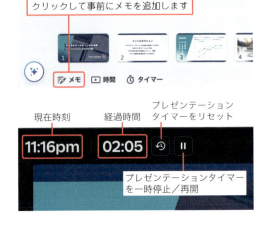

❶ メモ機能
スライドごとに発表者用のメモを表示できます。画面左下で文字のサイズを変更したり、 をクリックすると編集も可能です。
メモは編集画面左下の メモ をクリックして事前に追加できます。

❷ 現在時刻・経過時間
プレゼン中の経過時間を表示。「リセット」 「一時停止／再開」 ボタンで管理できます。

❸ **スライドに直接描き込む** 🖌

発表中にスライド上にマーカーで描き込みできる機能です。強調したいポイントを説明する際に便利です。

❹ **マジックショートカット** ⌨

発表中にサプライズ演出を加えられる機能です。例えば C キーを押すと紙吹雪が舞うなど、会場の雰囲気を盛り上げることができます。

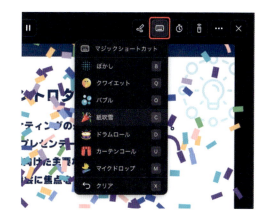

❺ **タイマーの表示** ⏱

スライドごとにカウントダウンタイマーを設定できます。プレゼン中の小休憩や、時間を決めてディスカッションするときなどに役立ちます。時間は99分まで設定でき、タイマー作動中のBGMも選べます。

❻ リモート操作でスライドを操作 📱

別のデバイス（スマホやタブレット）をリモコン代わりにして、スライドを遠隔操作できます。手元のデバイスで操作できるので、スムーズな発表が可能です。
また、QRコードを読み取るか、共有されたURLにアクセスすることで、他の発表者もリモコン操作が可能になります。複数人で登壇する講座や、チームでの発表にも便利です。

スライドのQRコードを別のデバイスで読み取ります。

▼スライドと共有したスマホ画面

スライドのリンクを別のデバイスでアクセスします。

❼ ⋯からの追加機能

※ マジックカーソルを表示／非表示
ポインターの表示・非表示を切り替えられます。

ライブ編集を非表示
他のメンバーが更新した内容が、リアルタイムで表示されるかどうかを設定できます。

▶ 自動再生を開始
指定した秒数ごとにスライドが自動で切り替わります。

動きの軽減を有効にする
アニメーションの動きを減らし、シンプルな表示にできます。

Check **ネットにつながっていなくてもプレゼンテーションできる？**

以前のCanvaはインターネット接続が必須で、オフライン環境ではプレゼンができませんでした。そのため、ネットがない会場ではPDFやPowerPoint（PPTX）としてダウンロードし、別のツールで開く必要がありました。
しかし、現在は「オフラインプレゼンテーション」機能が追加され、ネットがない環境でもCanvaのプレゼン資料が表示可能になりました。アニメーションやページ切り替え（トランジション）もそのまま反映され、スムーズな発表ができます。

オフラインでプレゼンテーションをする

オフラインでプレゼンテーションをするには、事前にネット環境がある状態で設定する必要があります。

① Canvaのホーム画面で、オフラインで利用したいデザインにカーソルを合わせ、・・・をクリックし、「オフラインプレゼンテーションを有効にする」を選択します。

② 設定が完了すると、インターネットがない環境でもCanvaのホーム画面からプレゼン資料を開いて再生できるようになります。

「オフライン同期」を示すウィンドウが表示されます

オフラインプレゼンテーションに設定したデザインにカーソルを合わせ、・・・をクリックすると、「全画面表示」や「発表者モード」も利用できます。
発表者モードでは、次の機能が使用可能です。

- メモの表示 ● マジックショートカット ● タイマー（音楽なし）

ネット環境がない場所でも、Canvaのプレゼン機能をフル活用してスムーズな発表をしましょう！

Chapter 5-5 プレゼンテーションを録画する

プレゼンテーションの「プレゼンと録画」を選択すると、プレゼンテーションを行いながら録画をすることができます。発表者のカメラ映像とプレゼン資料を一緒に収録し、後から共有したり、アーカイブとして保存しておくことが可能です。

レコーディングスタジオを開く

① 編集画面の右上にある「プレゼンテーション」ボタンをクリックし、「プレゼンと録画」を選択して「次へ」をクリックします。

② 「レコーディングスタジオへ移動」をクリックします。

③ カメラとマイクの設定を確認し、準備ができたら「録画を開始」ボタンをクリックしてプレゼンを開始します。

 Point
カメラをオフにしたままでも撮影できます。

◆ 録画中の画面

録画が開始されると、プレゼン資料とともに録画用の操作パネルが表示されます。

❶ 経過時間
録画開始からの時間が表示され、発表のペースを確認できます。

❷ 一時停止
一時的に録画を停止し、必要なタイミングで再開することができます。

❸ 録画を終了
録画を終了できます。録画を終了するとレコーディングスタジオが閉じ、動画のアップロードが始まります。

❹ 発表者のカメラ映像
発表者の映像は、画面の左下に丸く表示されます。カメラをオフにして録画すると、映像は表示されません。

❺ メモの表示
発表者モードと同様に、メモを表示しながら話すことができます。台本を確認しながら進行できるので安心です。

録画後の共有と保存

録画が終了し、動画のアップロードが完了すると、「録画リンクの準備ができました。」という画面が表示されます。ここから録画を共有・保存することができます。

❶ 録画リンクを共有

表示されたリンクをコピーして共有すると、相手はサインイン不要で動画を視聴できます。動画共有サイトにアップロードしなくても、そのままリンクで共有できるのが便利です。

❷ 動画をダウンロード

右下の「ダウンロード」ボタンをクリックすると、録画した動画をMP4形式で保存できます。

❸ 保存して終了

右下の「保存して終了」ボタンをクリックすると、この画面が閉じられて終了します。

❹ 録画を破棄する

左下の「破棄」をクリックすると、今回録画した動画が削除され、プレゼン資料のみを共有する「公開閲覧リンク」が共有されます。

> **Point**
>
> **録画リンクの再確認**
>
> 一度画面を閉じた場合でも、「プレゼンテーション」内の「プレゼンと録画」を選択し、「次へ」をクリックすると、録画リンクのコピー・ダウンロード・削除ができます。

156

録画リンクの共有と閲覧者画面の設定

録画リンクを共有すると、閲覧者は特別なアプリやアカウント登録なしで、ブラウザ上で直接動画を視聴できます。リンクを知っている人なら誰でも視聴可能です。

❶ 動画の再生・一時停止
❷ 前方・後方へスキップ
ミュート/ミュート解除

❶ 動画の再生・一時停止
最初にアクセスした際は、画面中央の再生ボタンをクリックすると動画がスタートします。動画再生中は、左下の再生／一時停止ボタンで操作できます。

❷ 再生速度の変更
右下の速度設定から、動画の再生速度を0.5倍速～2倍速に調整できます。

❸ フルスクリーン表示
右下のフルスクリーンアイコンをクリックすると、全画面での視聴が可能です。

❹ 閲覧専用のキャプションを表示
右下の「閲覧専用のキャプションを表示」ボタンをクリックすると、動画の音声が自動で字幕として表示されます。
ただし、自動生成のため、正確でない場合もあります。また編集やカスタマイズはできません。

❺ 再生バーの活用
動画の進行状況を示すバーを動かすと、再生位置を変更できます。
また、プレゼン資料のページが切り替わったタイミングが再生バー上にマークされるため、クリックすると見たいページから再生できます。
例えば、「この部分をもう一度見たい！」というときに、マークをクリックすれば、そのページから再生可能です。最初から見直す必要がないので、知りたい情報を素早く確認できます。

> **Check** ✦ **録画したプレゼン資料を編集するとどうなる？**
>
> 「プレゼンと録画」機能で録画した動画は、プレゼン資料とリンクしているため、録画後に資料の内容を変更すると、録画された動画内のプレゼン資料も更新されます。
> これが通常の動画編集ソフトと異なる点で、録画時に使ったスライドをあとから修正できるという特徴があります。
>
> > 例）**録画後に誤字を見つけた場合**
> > ➡ Canvaで修正すると、動画の中のプレゼン資料も修正される
> >
> > 例）**最新の情報にアップデートしたい場合**
> > ➡ プレゼン資料を更新すると、録画した動画のプレゼン資料も変更される
>
> 録画したときのままの状態を残しておきたい場合は、録画前にプレゼン資料をコピーしておくか、録画した動画をMP4としてダウンロードしておくのがおすすめです！
>
>
>
> 録画した後に資料を編集しても、編集した内容が動画に反映されます。

プレゼン資料のダウンロード

Canvaで作成したプレゼン資料は、PDFなどのファイル形式でダウンロード・保存できます。用途に応じて適切なファイル形式を選びましょう。

◆ ダウンロードの方法

① 編集画面右上の「共有」ボタンをクリックし、「ダウンロード」を選択します。

② 「ファイルの種類」から、保存したい形式を選択します。

③ 2ページ以上のデザインの場合は、「ページを選択」をクリックして必要なページを選び、「完了」ボタンをクリックします。

④ 「ダウンロード」ボタンをクリックして保存します。

クリックします

◆ ファイル形式の種類

種類	説明
PDF（標準）	軽量で扱いやすく、メール添付やオンライン共有向きのファイル形式です。ページ数が多いプレゼン資料は、基本的にこの形式がおすすめです。
PDF（印刷）	高解像度で保存します。印刷用途向きですが、ページ数が多い場合はファイルサイズが大きくなるので注意が必要です。
PPTX（PowerPoint）	PowerPointで編集可能なファイル形式です。ただし、Canvaで作成したデザインは開いた際にレイアウトやフォントが崩れる可能性があるため注意が必要です。
MP4（動画）	プレゼン資料の中に動画・アニメーションが含まれている場合や、ページを自動で送るような動画にしたいときに最適です。スライドショーのような活用が可能です。
PNG／JPG	サムネイル画像の作成など、1ページだけ画像として保存したい場合に便利です。

> **Point**
> MP4以外のファイル形式では、アニメート（アニメーション）は反映されません。プレゼン資料のアニメーションをそのまま活用したい場合は、Canvaから直接再生してください。

Part 6

動画・アニメーションを作ろう

6-1 動画の新規作成

SNS用のショート動画やプレゼン動画など、簡単に動画編集ができます。アニメーションやオーディオの追加、字幕の挿入など、初心者でも直感的に操作しやすいのが特徴です。

動画作成を始める方法

Canvaでは、用途に応じた動画サイズを選択できます。SNS投稿やプレゼン用など、目的に適したサイズを設定しましょう。
Canvaはオンラインツールのため、動画が長くなると編集やダウンロードに時間がかかることがあります。スムーズな作業のためにも、短めの動画編集に適したツールとして活用するのがおすすめです。

① 「デザインを作成」ボタンをクリックする

ホーム画面左上の「デザインを作成」ボタンをクリックします。

② 任意のサイズを選ぶ

左側に表示されたカテゴリの中から「動画」をクリックし、作成する動画の種類（動画（横）、スマホ動画、YouTube動画など）を選択して、編集画面を開きます。

 Point　ホーム画面の「動画」 ◯ からも作成開始できます。その場合、「デザインを作成」から作成を開始した場合と同じ「動画」カテゴリの画面が開きます。

◆ 主な動画サイズの例

動画をアップロードできるSNSなどのサービスは様々ありますが、YouTubeやInstagramなど代表的なものはあらかじめサイズが用意されています。

動画の種類	サイズ	説明
動画（横）	1920×1080px	フルHDの標準サイズ
スマホ動画	720×1280px	スマートフォン向けの縦型動画
YouTube動画	1920×1080px	YouTubeの標準サイズ
Instagramリール動画	1080×1920px	リール動画向け
Instagramストーリー用動画	1080×1920px	24時間限定表示のストーリー向け
TikTok動画	1080×1920px	TikTokの推奨サイズ
スクエア動画	1080×1080px	InstagramやSNSの投稿・広告向け

動画の編集画面

動画の編集画面は、これまで紹介したデザイン作成画面と基本的に同じです。
他の編集画面と違うのは、画面の下にタイムラインがあることです。ここでシーンを追加・編集しながら、動画全体の流れを構成していきます。

タイムラインでは、

- ページの順番を入れ替える
- ページごとの時間を調整する
- オーディオやアニメーションのタイミングを設定する

など、動画の演出に必要な操作が行えます。動画はページごとに作成できるので、ひとつの場面ごとに内容を整理しながら作れるのが特徴です。

✦ 拡大・縮小の切り替え

画面右下の拡大/縮小バーの左横にあるボタン🖵で、デザインの編集画面とタイムラインのどちらを大きく表示するかを切り替えられます。

✦ ページをズームする

🖵をクリックし「ページをズームする」にしてから拡大/縮小バーをスライドさせると、デザインの編集画面が拡大/縮小されます。

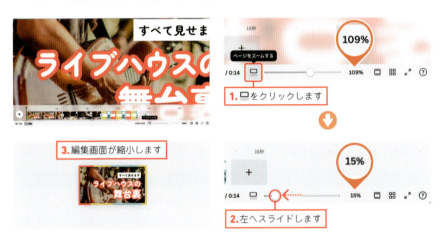

✦ サムネイルをズームする

🖵をクリックし「サムネイルをズームする」にしてから拡大/縮小バーをスライドさせると、タイムラインの時間スケールが変更されます。シーンの長さを細かく調整しやすくなります。

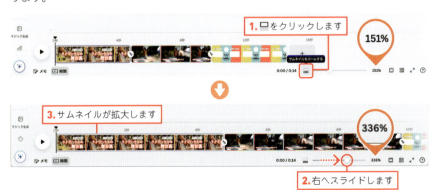

◆ タイムラインのサイズ調整

タイムライン上部の境界線をドラッグすると、タイムラインの高さを縦に広げたり縮めたりできます。
また、タイムラインを広げることで複数の要素を一度に表示しやすくなり、編集の効率が向上します。特に、複数のオーディオやアニメーションを調整する際に、広げておくと細かい編集がしやすいです。

6-2 ページの追加と整理

ページ（シーン）を追加して、動画の流れを作成していきます。各ページには個別の再生時間を設定でき、簡単に動画編集が可能です。

ページを追加する

新規ページを追加する方法は3通りあります。目的に合った方法を使いましょう。

方法1

最終ページの右横にある「＋」ボタンをクリックすると、最終ページの後ろに新規ページが1ページ追加されます。

方法2

ページとページの間にカーソルを合わせると「＋」ボタンが表示され、クリックするとその位置に新規ページが挿入されます。

方法3

ページを選択し、右クリックまたは ••• をクリックし、「ページを追加」を選択すると、指定したページの直後に新規ページが追加されます。

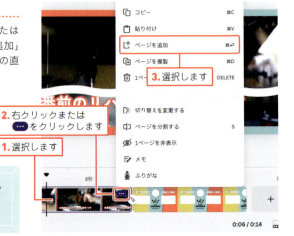

> **ショートカットキー** ページを追加する
> Windows: [Ctrl] + [Enter]
> Mac: [command] + [enter]

ページを整理する

ページを複製したり入れ替えたり、削除したりして動画の流れを整理することができます。

◆ ページを複製する

複製したいページを選択し、右クリックまたは ・・・ をクリックし、「ページを複製」を選択すると複製されます。

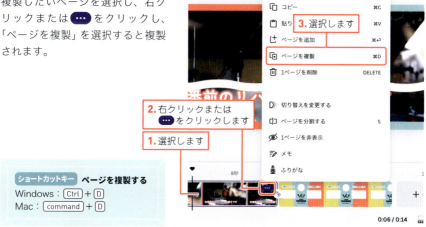

ショートカットキー ページを複製する
Windows：Ctrl + D
Mac：command + D

◆ ページの順番を変更

移動したいページを選択し、ドラッグ＆ドロップして順番を入れ替えできます。

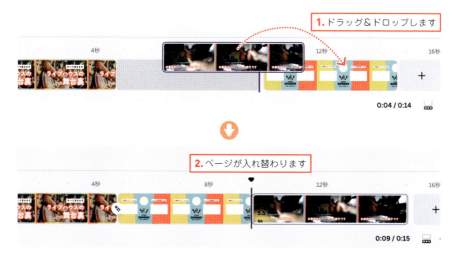

◆ ページを削除する

削除したいページをクリックして delete キーを押すと、ページが削除されます。
もしくは、右クリックまたは ••• から表示された項目内の「1ページを削除」から削除します。

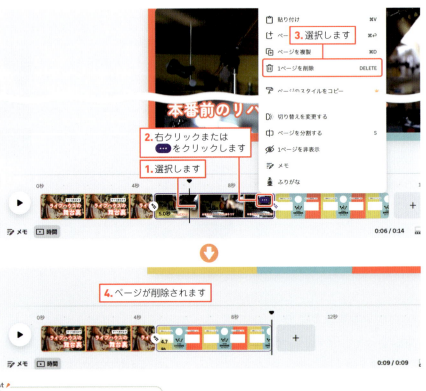

> **Point**
> shift キーを押しながらページをクリックすると複数選択できます。複数選択したまま順番の変更、複製、移動も可能です。

ページの時間を調整する

プレゼン資料といった静止画デザインとは異なり、ページ（シーン）の再生時間を自由に調整できます。各ページの長さを調整することで、動画の流れをコントロールしたり、見せたいシーンを効果的に演出できます。

◆ シーンの長さを調整する

動画では、各ページ（シーン）の長さ（再生時間）を自由に設定できます。

◆ 新規ページの場合

タイムライン上のページの端をドラッグすると、時間の長さを調整できます。ページの再生時間は、最短0.1秒から設定可能です。

ドラッグして
シーンの長さを調整します

◆ 動画を配置する場合

配置した動画に合わせて、シーンの長さが自動で設定されます。配置した動画の長さ以上にはできません。

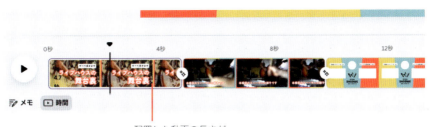

配置した動画の長さが
シーンの長さになります

✦ ページの分割方法

動画の途中をカットしたい場合や特定のシーンを個別に編集したい場合は、ページを分割して調整できます。分割することで、不要な部分を削除したり、それぞれのシーンごとに異なる演出を加えることが可能になります。

① 分割したい位置に再生バーを移動させ、タイムライン上で右クリックまたは ••• をクリックし、「ページを分割する」を選択するとページが分割されます。

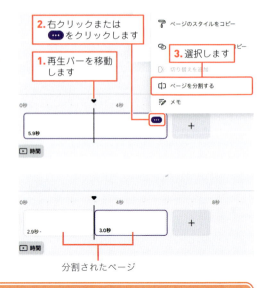

② 分割したページは、それぞれ個別に編集できるようになります。
例えば、前半と後半で異なるアニメーションを適用したり、不要な部分を削除したりすることが可能です。

トリム機能

トリム機能を使うと、配置した動画素材の再生時間を自由に調整できます。不要な部分をカットしたり、特定のシーンのみを使用したりするときに便利です。

① 編集画面に配置された動画を選択し、上部ツールバーに表示される「トリム」ボタン ✂ 5.0秒 をクリックします。

② 表示されたトリム画面で、開始位置と終了位置を調整します。

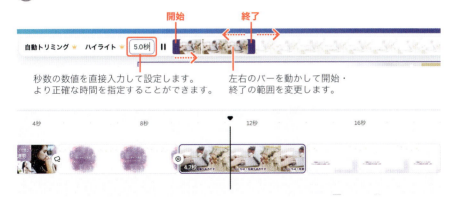

秒数の数値を直接入力して設定します。
より正確な時間を指定することができます。

左右のバーを動かして開始・
終了の範囲を変更します。

③ 「完了」をクリックすると、指定した範囲だけが動画として残ります。

クリックします

動画がトリミングされました。

> Check 「自動トリミング」と「ハイライト」(♛有料プラン限定)

トリム機能の中には、有料プランで利用できる「自動トリミング」と「ハイライト」という機能があります。これらを活用すると、動画の編集作業をよりスムーズに進めることができます。

自動トリミング

自動トリミングは、AIが動画を分析し重要なシーンだけを抽出してくれる機能です。動画全体を見直して手動でカットする手間を省き、スムーズに編集できます。
長い動画から必要なシーンだけを抜き出したいときや、短くまとめたいときに便利です。

〈 使い方 〉

❶ トリム機能の画面を開き、「自動トリミング」をクリックします。
❷ AIが自動で動画を調整し、タイムラインの再生バーが短縮されます。
❸ 必要に応じて手動で微調整し、「完了」をクリックしたら完成です。

ハイライト機能

ハイライトは、AIが動画を分析し重要なシーンをピックアップする機能です。自動で選ばれたシーンがリスト化されるので、その中から必要な場面だけを選択できます。
動画を一から再生して確認しながら必要な場面を探す手間が省けるため、編集を効率化できます。

〈 使い方 〉

❶ トリム機能の画面を開き、「ハイライト」をクリックします。
❷ AIが動画内の主要なシーンを自動でラベル付けし、リストとして表示されます。
❸ リストの中から使いたいシーンだけを選択したら、画面下の「選択項目をデザインに追加」ボタンをクリックします。
❹ タイムラインに選択したシーンが表示されます。

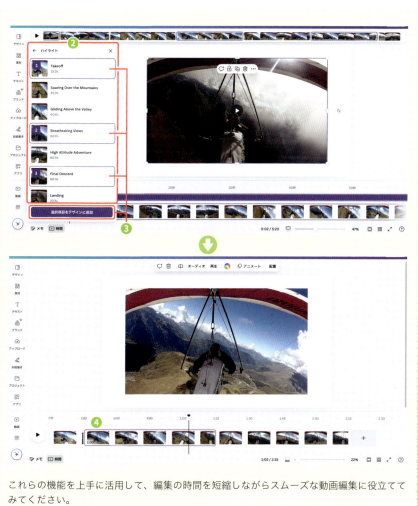

これらの機能を上手に活用して、編集の時間を短縮しながらスムーズな動画編集に役立ててみてください。

素材のタイミングを調整する

ページ全体の時間調整だけでなく、配置した素材ごとに表示の開始・終了タイミングを調整できます。これにより、動画の途中で特定の素材を登場させたり、途中で消すことが可能です。

① 調整したい素材をクリックする

素材をクリックすると、タイムラインに各素材の表示タイミングを調整できるバーが表示されます。

② 表示の開始・終了タイミングを変更する

タイムライン上で素材のバーを左右にドラッグすると、表示時間を調整できます。

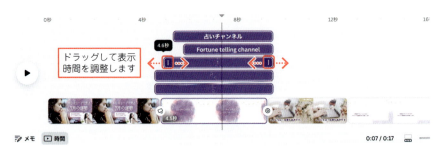

この機能を使うことで、素材ごとの登場タイミングを細かく調整でき、プロフェッショナルな編集のように、より洗練された映像表現が可能になります。シーンの流れに合わせた演出や効果的な切り替えを行いましょう。

Chapter 6-3 オーディオと再生の設定

Canvaでは、豊富なオーディオ素材が用意されており、簡単に動画に組み込むことが可能です。動画にBGMを追加したり、再生方法を設定することで、動画をより魅力的な雰囲気にすることができます。

オーディオ素材を追加する方法

① 左側に表示されたメニューから「素材」をクリックし、「オーディオ」の「すべて表示」をクリックします。上部の検索窓からキーワードで絞り込みも可能です。

Point 表示されたオーディオのサムネイルをクリックすると、試聴再生が可能です。

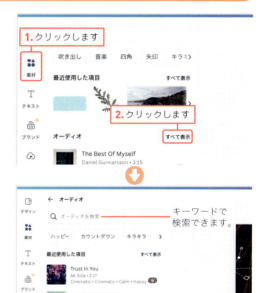

② 使用したいオーディオの名前をクリックすると、タイムラインに追加されます。再生バー(タイムライン上の縦線)の位置にオーディオが配置されるので、必要に応じてオーディオをドラッグして任意の位置に移動してください。事前に再生バーを適切な位置に動かしておくと、スムーズに配置できます。

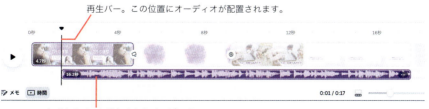

再生バー。この位置にオーディオが配置されます。

タイムラインに追加されたオーディオ

Part 6 動画・アニメーションを作ろう

175

✦ 自分のオーディオファイルを追加する方法

Canvaでは、自分の持っているMP3ファイルなどのオーディオをアップロードして使うこともできます。

① 左側に表示されたメニューの「アップロード」☁ をクリックし、「ファイルをアップロード」ボタンから、MP3などの音声ファイルを選択してアップロードします。

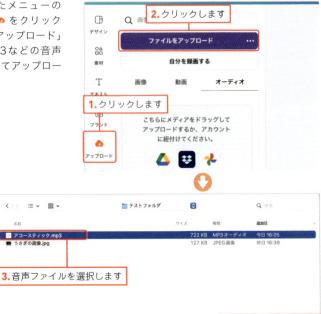

② アップロードされたオーディオをクリックすると、タイムラインに追加されます。
アップロードしたオーディオは「アップロード」のオーディオタブ内に保存され、他のデザインでも使用可能です。

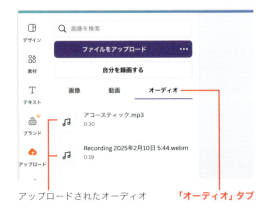

オーディオの設定

オーディオは追加するだけでなく、再生範囲や音量、フェード効果などの調整が可能です。適切に設定することで、より聞きやすく自然な動画に仕上げることができます。

◆ オーディオを分割する

オーディオを2つに分割することで、特定の部分だけを使用したり、別の位置に移動したりできます。

① タイムライン上のオーディオをクリックして選択し、再生バーを分割したい位置に移動します。

② 画面上部の「オーディオを分割する」ボタン ⏲ をクリックします。
もしくは右クリックまたは ⋯ をクリックした画面にも「オーディオを分割する」があります。

③ 分割後、それぞれのオーディオを削除・移動・調整が可能です。

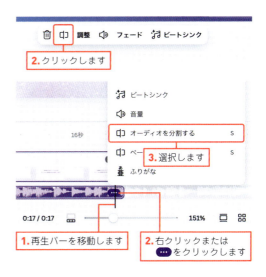

◆ 調整（再生位置）

オーディオを選択し、上部ツールバーに表示される「調整」ボタンをクリックすると、再生部分以外の波形も表示されます。
スライドさせることで、再生開始位置を自由に調整することができます。

再生部分以外の波形が表示されます。

◆ 音量の設定方法

オーディオを選択すると、上部ツールバーにスピーカーアイコン 🔊 が表示されます。これをクリックすると、音量の設定画面が開きます。

❶ ミュート
ミュートのオン/オフを切り替えられます。

❷ 音量
スライダーを動かして音量を変更できます。（0〜400）

❸ すべてのオーディオトラックに適用
複数のオーディオを使用している場合、選択肢が出てきます。同じ音量設定をすべてのオーディオに適用できます。オーディオ素材は、何も設定しないと音量が大きめになりやすいので、動画に合ったちょうどいい音量に調整しましょう。

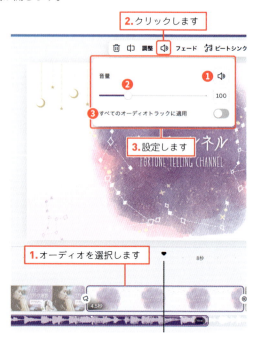

◆ フェードの設定方法

オーディオの音の出入りを滑らかにするフェードイン・フェードアウトの設定が可能です。BGMをスムーズに入れたいときや、音の終わりをきれいに調整したいときに活用しましょう。

① オーディオを選択し、上部ツールバーの「フェード」ボタンをクリックします。

② フェードイン・フェードアウトの時間を調整できます。

❶ フェードイン
音が徐々に大きくなる設定。オーディオの開始時にいきなり音が出るのを防ぎ、自然な入り方になります。

❷ フェードアウト
音が徐々に小さくなる設定。動画の終わりやシーンの切り替え時に、音を自然にフェードアウトできます。

動画の速度と再生

編集画面に配置した動画をクリックすると、上部ツールバーの「速度」ボタン と「再生」ボタン から動画の再生設定を調整できます。

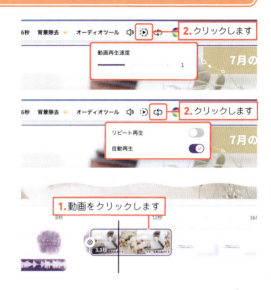

◆ 動画再生速度

編集画面に配置した動画をクリックし、上部ツールバーの「速度」ボタン から動画の再生スピードを変更できます。設定できる速度は、0.25倍速〜2倍速（0.25刻み）です。

▼ Canvaで設定可能な動画の速度

0.25倍〜0.75倍	スローモーションのようなゆっくりした再生
1倍（標準）	通常の再生速度
1.25倍〜2倍	短時間で素早く内容を伝えたい場合に便利

◆ リピート再生

動画を繰り返し再生（ループ再生）する設定です。動画編集の場合、ページの長さは動画の長さに合わせて設定されるため、特にリピート再生を設定しなくても問題ありません。
また、ページの再生時間が動画の長さより長い場合は、設定の有無にかかわらず自動的に動画がリピート再生されます。この設定が活用されるのは、プレゼン資料などに動画を配置する場合です。
例えば、プレゼンテーションの背景として短い動画をループ再生させたい場合や、動きのある演出を加えたい場合に便利です。

◆ 自動再生

デザインを開いた瞬間に自動で再生を開始する設定です。動画編集の場合、基本的に動画はページの開始と同時に再生されるため、特に自動再生の設定をする必要はありません。
また、動画をダウンロードした場合も、通常はプレイヤーの仕様に従って再生が始まるため、この設定は影響しません。
この設定が活用されるのは、プレゼン資料などに動画を配置する場合です。
例えば、スライドを切り替えた瞬間に動画を自動で再生させたい場合や、視聴者がクリックする手間を省きたい場合に便利です。

6-4 アニメート効果と字幕

Canvaの動画編集でも、素材やページの切り替えにアニメーションをつけることができます。設定方法は、Part5（P.141～147）をご覧ください。ここでは、動画編集ならではのアニメーションの作成方法をご紹介します。

アニメーションを作成する

素材をドラッグして独自のアニメーションを作成できます。これは、通常のアニメート設定とは異なり、素材の動きを自分でデザインできる機能です。

◆ アニメーションを作成する方法

① 動かしたい素材を選択し、上部ツールバーの「アニメート」ボタンをクリックします。

② 「カスタム」の「アニメーションを作成」をクリックし、キャンバス上で素材をドラッグして動きを記録します。
点線のパスが表示され、その通りに素材が動くアニメーションが作成されます。

- shift キーを押しながらドラッグすると、直線のパスを作成できます。
- 速くドラッグするとスピードが上がり、ゆっくりドラッグするとスローモーションのようになります。

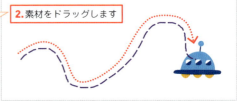

180

③ 動きを設定した後に設定した素材を選択すると、上部に「カスタム」ボタンが表示されます。「カスタム」ボタンをクリックすると、左側に設定画面が表示されます。

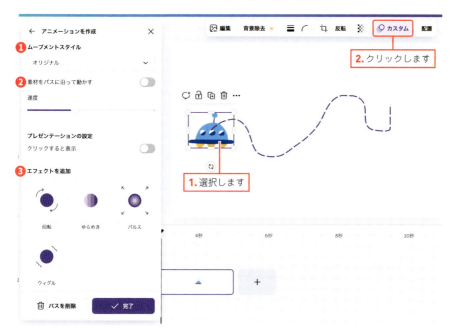

❶ ムーブメントスタイル
オリジナル：設定した動きをそのまま再生
スムーズ：速度が変化し、自然な緩急がついた滑らかな動きに
一定方向：動きのスピードを均一にする

❷ 素材をパスに沿って動かす
オンにすると、設定したパスに沿って、素材がスムーズに移動するか調整可能。

❸ エフェクトを追加
回転：移動しながら素材が回転
ゆらめき：素材がゆっくり点滅する
パルス：素材が弾む
ウィグル：素材がランダムに小刻みに揺れる

字幕を入れる

Canvaでは、音声付きの動画から自動で字幕を生成できる機能があります。手動でテキストを入力しなくても、AIが音声を認識し、字幕を追加してくれるので便利です。
自動生成のため、まだ修正が必要な部分もありますが、字幕の表示タイミングを手動で調整する手間を省けるため、作業を効率化できます。

① 左側メニューの「テキスト」T をクリックし、「動的テキスト」の「Captions（字幕）」をクリックします。

※「Captions（字幕）」は、動画の編集画面にのみ表示され、プレゼンテーションに動画を配置した場合には表示されません。

② 字幕を作成したい音声が含まれた動画を選択し、「字幕を生成」ボタンをクリックします。

③ 動画に、自動的に字幕が追加されます。

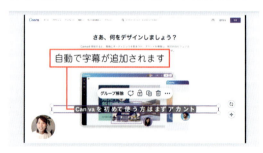

✦ 字幕を編集する

生成された字幕は自動で入力されますが、音声が正しく認識されず間違った字幕になっている場合もあります。そんなときは、手動で文字を編集する必要があります。

① 字幕をクリックし、上部ツールバーの「字幕」ボタンをクリックします。
字幕の一覧が表示されるので、適宜修正・編集します。

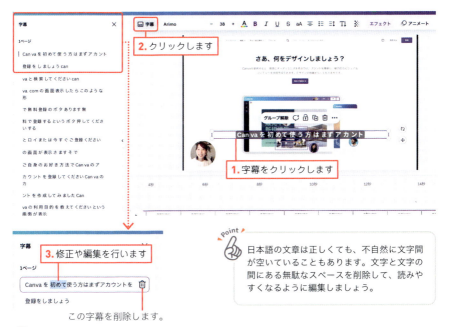

② 文字サイズやフォント、エフェクトもここで変更できるので、読みやすい字幕デザインにカスタマイズ可能です。

✦ 字幕を削除する

字幕が不要になった場合は、字幕をクリックし、「すべてのキャプションを削除」ボタンをクリックすれば、一括削除できます。

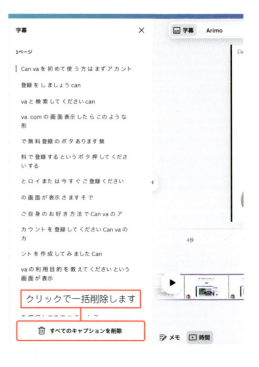

6-5 動画のダウンロード

Canvaで作成した動画は、MP4やGIF形式でダウンロード・保存できます。用途に応じて適切なファイル形式を選びましょう。

動画をダウンロードする方法

① 編集画面右上の「共有」ボタンをクリックし、「ダウンロード」を選択します。

② ファイルの種類を選びます。動画の形式は以下の2つです。

MP4（動画）
標準的な動画ファイル形式。Canvaの動画は基本的にMP4で保存されます。

GIF
短いループアニメーションを作成する場合におすすめです。（音声なし）

③ ダウンロードボタンをクリックしたら数秒〜数分で動画ファイルが作成され、デバイスに保存されます。

クリックします

 有料プランでの設定 👑

有料プランのみ、以下の設定も可能です。

❶ 品質
MP4形式でダウンロードする場合、以下の品質を選択できます。

○ **480p**（下書き向け）
ファイルサイズを抑えた低画質の動画。ラフな確認用におすすめ。

○ **720p**（SNS向け）
一般的なSNS投稿に適した標準画質。

○ **1080p**（ストリーミング向け）
高画質なフルHD動画。YouTubeなどの配信におすすめ。

○ **4K**（大型スクリーン向け）
大画面でも鮮明な超高画質。イベント映像などに適しています。

❷ ページを個別のファイルとしてダウンロードする
このオプションを有効にすると、各ページが別々の動画ファイルとしてダウンロードされます。1つのデザインに複数の短い動画をまとめている場合など、それぞれを個別のファイルとして保存したいときに便利です。

Part 7

Webサイトを作ろう

7-1　Webサイトの新規作成

Canvaでは、デザインをそのままWebサイトとして公開することができます。コーディング不要で簡単にWebページを作成できるため、ランディングページ・ポートフォリオ・イベント告知ページなどに活用できます。

Webサイトの作成を始める方法

一般的なWebサイトビルダーとは異なり、Canvaならではのデザインの自由度があり、画像・テキスト・動画・ボタンリンクなどを組み合わせて、直感的にレイアウトを作成できます。公開後はURLを取得し、簡単にシェアできるのも魅力です。

◆ 白紙から作成する

方法1

ホーム画面の「Webサイト」アイコンをクリックすると、白紙のWebサイト編集画面が開きます。

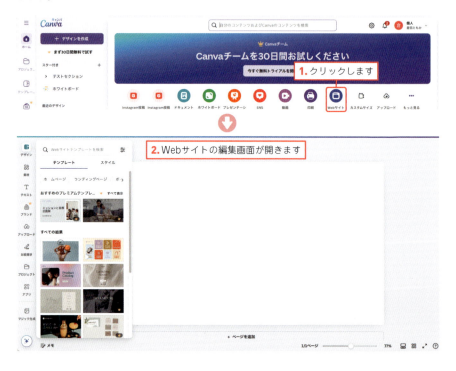

方法2

ホーム画面左上の「デザインを作成」ボタン→「Webサイト」カテゴリをクリックすると、ビジネス用Webサイト、イベント用Webサイトなどの種類が選べます。

Point どのアイコンをクリックしても開く編集画面の見た目は同じですが、左側メニューから選べるテンプレートの種類が変わります。

◆ テンプレートを活用して作成する

Webサイト制作が初めての方や、効率的にデザインしたい方にはテンプレートの活用がおすすめです。

① サイドバーの「デザイン」をクリックし、好みのテンプレートをクリックします。

② 選択したテンプレートのプレビューが表示されます。「◯ページすべてに適用」ボタンをクリックします。

③ Webサイト全体に、統一感のあるデザインが適用されます。テンプレートを使うことで、Webサイト向けに最適化されたレイアウトでデザインを進めることができます。

7-2 ページの編集とリンク作成

ページの追加や削除、入れ替えなども直感的に操作できます。また、レイアウトテンプレートによる新規ページの作成や、リンクの追加も簡単です。

ページの追加と整理

CanvaでWebサイトを作るときは、必要に応じてページ（セクション）を追加したり、高さを調整したりできます。ページのレイアウトを自由にカスタマイズし、見やすい構成にしましょう。

Canvaでは「ページ」と表記していますが、一般的なWebデザインでは「セクション」とも呼ばれます。ここではCanvaの表記に合わせ、「ページ」と記載します。

◆ ページを追加する

◆ 最終ページの下に追加する場合

最終ページの下部にある「＋ ページを追加」ボタンをクリックすると、新しいページが追加されます。

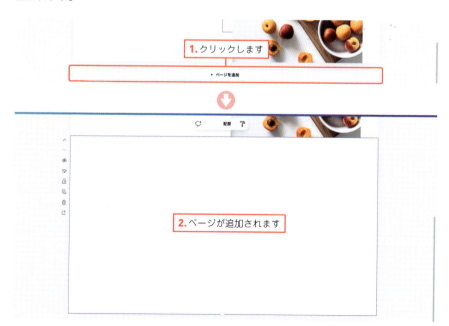

✦ 右クリックでページを編集する

ページの追加や複製などの操作は、ページの左側にあるアイコンから行えます。また、一部はページ上を右クリックして表示されるメニューからも同様の操作ができます。

❶ ページの順番を変更
Webサイトのページの順番は、ページ左側の「上に移動」へ「下に移動」∨をクリックすることで変更できます。

❷ 1ページを非表示にする
そのページを非表示にできます。もう一度クリックすると表示状態に戻ります。

❸ メモを追加
ページにメモを追加できます。

❹ ページをロックする
ページを編集できない状態にします。もう一度クリックすると編集できる状態に戻ります。

❺ ページを複製
複製したいページを表示した状態でクリックすると、ページが複製されます。もしくは右クリックし、「ページを複製」を選択します。

❻ ページを削除
削除したいページを表示した状態でクリックすると、そのページが削除されます。

❼ ページを追加
クリックすると、表示しているページのひとつ後ろに新しいページが挿入されます。もしくは右クリックし、「ページを追加」を選択します。

◆ ページの高さを調整する

Webサイトのページは、高さを自由に調整できるのが特徴です。
ページの下部にカーソルを持っていくと、↕が表示されるので、ドラッグして高さを調整できます。

上下にドラッグして高さを変更します。

リンクボタンの追加

ボタンを配置して、外部リンクやページ内リンクを設定できます。素材や図形を活用して、自由にデザインしましょう。

◆ 図形の「ボタン」を活用する

① お好みのボタンを選ぶ

左側メニューにある「素材」から「ボタン」の「すべて表示」をクリックし、好きなボタンを選択します。角丸や四角、アイコン付きなど、さまざまなデザインがあります。

② 色やサイズを調整する

ボタンの中に文字を入れたり、視認性を高めるように色やサイズなどを調整できます。
文字の入力と編集については、P.22〜24を参照してください。

◆ グラフィック素材を活用する

ボタン風のグラフィック素材を使用することも可能です。立体的なデザインや装飾付きのボタンなど、豊富な素材から選べます。

① **「ボタン」と検索する**

サイドバーの「素材」にある検索窓で、「ボタン」と検索します。

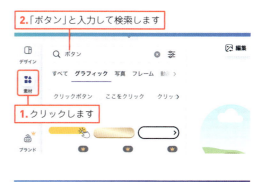

② **テキストを追加する**

お好みのグラフィック素材を選択し、ボタンに入れるテキストを追加します。

✦ リンクを設定する

図形やグラフィック素材を使ってボタンのデザインを作って配置したら、リンクの設定を行います。

① リンクを設定するボタンを選ぶ

リンクを設定したいボタンを選択し、右クリックまたは … から「リンク」をクリックします。

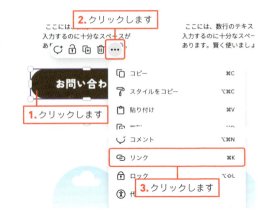

② リンクを設定する

リンク設定画面が表示されるため、リンクの種類を設定します。

外部リンク
https:// から始まる URL を入力すると、外部サイトへリンクできます。

ページ内リンク
「この文書のページ」欄から他のページ（セクション）を選択すると、同じ Web サイト内の他のページ（セクション）へリンクできます。

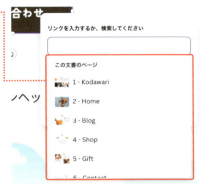

③ 「完了」ボタンをクリックする

「完了」ボタンをクリックすると、設定完了です。

デフォルトの下線を消す方法

図形のボタン内に文字を入れる場合は、デフォルトで下線が入る仕様になっています。
下線を消したい場合は、上部ツールバーの「U（下線）」 U をクリックすると解除できます。
下線を消してもリンク設定はそのまま保持されるので、デザインのバランスを調整しながら設定しましょう。

下線が入っています。　　　　下線が解除されます。

✦ リンクの編集・変更

① リンクを変更したいボタンを選ぶ

リンクを変更したいボタンを選択し、すぐ上に表示されるフローディングツールバーに表示されたURLの右側にある「リンクを編集」🖉 をクリックします。

② リンクを設定する

リンクの設定画面が開くので、変更後に「完了」をクリックします。

7-3 ページの編集

よりクオリティの高いサイトにするためには、アニメーションやリンクの埋め込みなどを活用しましょう。プレビュー機能で、仕上がり状態を視覚的に確認することもできます。

アニメーションを設定する方法

CanvaのWebサイトでは、プレゼン資料や動画と同じようにアニメートを設定できます。ただし、Webサイトでは一部のアニメーションが制限されており、ページ切り替えのトランジションは適用されません。

① ページまたは素材を選択し、上部ツールバーの「アニメート」をクリックします。

② 使用可能なアニメーションを選択して適用します。
ページを選択した場合は「ページのアニメーション」が、素材を選択した場合は「アニメート」メニューの中に「テキスト」や「全体」などのタブが表示されます。

▶ ページを選択

▶ テキストを選択

アニメーションの適用

Webサイトでは、ページ全体にも個別の素材にもアニメーションを適用できます。
設定したアニメーションは、閲覧者がスクロールした際に動作するため、自然な演出が可能です。ただし、アニメーションを多用しすぎると閲覧の妨げになることもあるため、強調したい部分に絞って活用すると効果的です。適切にアニメーションを取り入れて、視覚的に魅力的なWebサイトを作成してみましょう。

ナビゲーションメニューの設定

CanvaのWebサイトでは、ナビゲーションメニューを設定することで、閲覧者がWebサイト内の特定のページ（セクション）へスムーズに移動できるようになります。
ナビゲーションメニューはページ内リンクにのみ対応しており、外部サイトのURLは設定できません。
また、メニューに表示される項目は各ページに設定されたタイトルが自動的に反映されるため、訪問者が迷わないようわかりやすいページタイトルを設定することが重要です。

◆ ページタイトルの設定方法

ナビゲーションメニューに表示される項目は、各ページに設定された「ページタイトル」が基になります。ページタイトルを設定する方法は2通りあります。

◆ ページ左側のメモアイコンから設定

① ページ左下にある「メモ」📝 をクリックします。

② 表示されたメモ画面の上部にページタイトルを入力します。

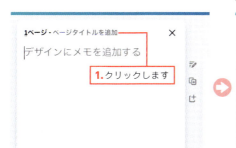

✦ **グリッドビューから設定**

① 編集画面右下の「グリッドビュー」 ▦ をクリックしてグリッドビューを開きます。

② 各サムネイルの下に表示されているページ番号の横をクリックすると、タイトルを入力できます。
ページタイトルを入れると、ナビゲーションメニューに自動的に追加されます。

埋め込み機能

YouTubeやGoogleマップなどのコンテンツを、簡単に埋め込むことができます。外部サイトのURLを貼り付けるだけで、自動的にWebサイト内にコンテンツが表示されるため、視覚的にも情報をわかりやすく伝えられます。

▼ **主な埋め込み可能なコンテンツ**

コンテンツ	表示内容
YouTube	動画をそのまま再生可能
Googleマップ	店舗情報や位置情報を表示
Vimeo	動画をそのまま再生可能
Instagram、X (旧Twitter)	投稿を直接表示

その他にも埋め込みに対応しているコンテンツが多数あります。

✦ コンテンツを埋め込む

埋め込み表示に対応している URL をキャンバスに貼り付けると、そのままコンテンツとして表示されます。Instagram を例に手順を見ていきましょう。

① Instagram のページを開き、埋め込みたいコンテンツのリンクをコピーします。

② Canva の編集画面に戻り、リンクを埋め込みたいキャンバスにペースト（Ctrl + V ／ command + V）します。
しばらくするとコンテンツが読み込まれ、埋め込み表示されます。

1.クリックします

2.URLを編集画面にペーストします

3.コンテンツが読み込まれます

Instagram 以外の埋め込み URL も並べて表示可能です。

URLをテキストリンクとして表示する

URLをテキストリンクとして表示したい場合は、リンクのディスプレイモードを「埋め込み」から「リンク」に変更してください。これにより、リンクをクリックしたときに外部サイトへ遷移する形になります。

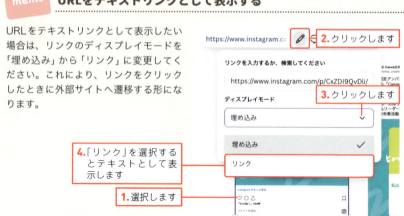

1. 選択します
2. クリックします
3. クリックします
4. 「リンク」を選択するとテキストとして表示します

◆ Canvaのデザインを埋め込む

Canvaで作成したデザイン・スライド・動画なども、Webサイトにそのまま埋め込むことができます。公開閲覧リンクを貼り付けるだけで埋め込みコンテンツとして表示され、Webサイトの中で活用可能です。
公開閲覧リンクの設定方法は、P.250をご覧ください。
元のCanvaで作成したデザインを編集すると、埋め込み先のデザインも自動で更新されます。Webサイトのデザインを一貫して管理したい場合に便利です。

▼スライドをWebサイトに埋め込んだ状態をプレビューで確認

Check ✦ フォームを埋め込む方法

Webサイトに、申し込みフォームやアンケートフォームを入れたい場合がありますよね。Canvaのヘルプページには記載されていませんが、Googleフォームなどの一部のフォームは、URLを貼り付けることでWebサイト内に埋め込むことができます。

▼ Webサイトにフォームを埋め込んだ状態

スマホ表示時の注意点

埋め込まれたフォームの幅を広めにしていると、スマホ表示の際に文字が小さくなり、見づらくなってしまいます。
スマホでも見やすくするためには、幅を狭めに設定するようにしてみましょう。

特に、質問項目が多いフォームを埋め込む場合は、フォームをWebサイト内に埋め込むのではなく、ボタンリンクで別ページ（フォーム専用ページ）を開く形にするといいでしょう。

Part 7　Webサイトを作ろう

203

プレビュー機能について

「プレビュー」機能を使えば、PC・スマホでの実際の表示イメージを事前に確認できます。デザインが意図通りに表示されているか事前にチェックしましょう。
必ずチェックするべきポイントは、以下の通りです。

- 画像やテキストのサイズが適切か
- スマホ表示でレイアウトが崩れていないか
- ボタンのリンクが正しく機能するか

◆ プレビューの方法

① 編集画面右上にある「プレビュー」ボタンをクリックします。

② 右上の「デスクトップ」ボタンをクリックするとパソコン画面でのプレビューが表示され、「モバイル」ボタンをクリックするとスマホ画面でのプレビューが表示されます。

▼パソコン画面のプレビュー

▼スマホ画面のプレビュー

◆ モバイルでサイズを変更

「モバイル」表示のときに画面下の「モバイルでサイズを変更」にチェックを入れると、横に並んでいた要素が縦に並ぶなど、スマホの画面に適したレイアウトに自動調整されます。作成した見た目のまま表示したい場合は、チェックを外してください。

◆ ナビゲーションメニューの表示

画面下の「ナビゲーションメニューを含める」にチェックを入れると、Webサイトの上部にナビゲーションメニューが表示されます。ただし、ナビゲーションメニューの設定をしていない場合は何も表示されません。
ナビゲーションメニューの設定方法については、P.199で詳しく解説しています。

> **Check** ✦ **レスポンシブデザインのコツ**

Webページは、PCだけでなくスマホやタブレットでも閲覧されることを想定して作成することが大切です。「モバイルでサイズ変更」を有効にすると、スマホ表示時に合わせてレイアウトが最適化されますが、思わぬ崩れが発生することもあります。そこで、スムーズなレスポンシブ対応のためのポイントを押さえておきましょう。

ポイント❶ 素材が重なっていないか確認する

素材やテキストが重なっていると、それらがひとまとまりの要素として認識され、レスポンシブ時に意図しない表示になってしまうことがあります。
例えば、横並びに配置した要素が、スマホ表示でも横並びにならず崩れてしまう場合は、個々の素材が重ならないように調整しましょう。

Before テキストが重なっているため、プレビュー表示が崩れている。

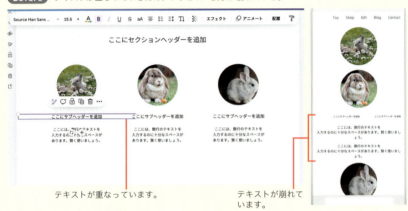

テキストが重なっています。　　テキストが崩れています。

After テキストの重なりを解消したことで、正しくプレビュー表示されている。

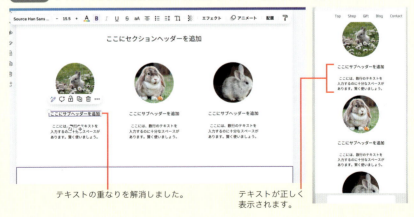

テキストの重なりを解消しました。　　テキストが正しく表示されます。

ポイント❷ 余白が狭すぎる場合は、透明な図形でスペースを確保

スマホ表示で要素の間が詰まりすぎると、読みづらくなったりバランスが悪くなったりすることがあります。その場合は、透明な図形を挿入して余白を確保すると、適切な間隔を保つことができます。

Before

テキストと写真の間隔が狭く、ギュッとしていて読みにくい。

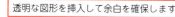

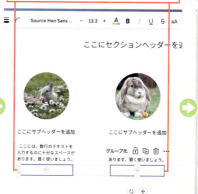

After

テキストと写真の間隔に余裕が生まれ、読みやすい。

ポイント❸ ひとまとまりにしたい要素はグループ化

レスポンシブ時にバラバラになってほしくない要素（例：見出しと説明文、アイコンとテキストなど）は、あらかじめグループ化しておくと意図した並び順が保たれやすくなります。

グループ化した要素

このように、レスポンシブ対応を意識して調整することで、PC・スマホどちらでも快適に閲覧できるWebサイトになります。プレビューを活用しながら、最適なデザインを目指してみてください！

7-4 サイトの公開と更新

サイトのデザインが完成したら、実際にWeb上に公開しましょう。Canvaが提供する無料ドメインを使えば、お金をかけずに手軽にサイトを公開できます。

Webサイトの公開までのステップ

Canvaで作成したWebサイトは、簡単な手順で公開できます。無料でも公開可能ですが、いくつかの制限があるため、用途に応じた設定を確認しましょう。

① **「Webサイトを公開」ボタンをクリックする**

編集画面の右上にある「Webサイトを公開」ボタンをクリックし、「Webサイトを公開」メニューを開きます。

② **詳細を設定する**

WebサイトのURLを決め、公開設定を編集したら「Webサイトを公開」ボタンをクリックして完了です。
URLの決め方やその他の詳細設定については、後述のセクションで解説します。

③ **URLを共有する**

サイトを公開したら、発行されたURLをコピーして共有できます。

発行されたURL

WebサイトのURLを決める

Webサイトを公開するときには、ドメインを決める必要があります。WebサイトのURLでは「https://○○○.my.canva.site/」の「○○○.my.canva.site/」部分がドメインで、この部分の文字列はドメイン所有者が任意で決めることができます。
Canvaで作成したWebサイトを公開する場合は、無料ドメインを使うか、独自ドメインを購入してWebサイトに設定するかの2択から選べます。

◆ Canvaの無料ドメインを使う場合（無料）

Canvaが提供する無料のドメイン（CanvaのURL）を使用して公開できます。
URLの形式は「https://○○○.my.canva.site/」となります。○○○の部分を好きな英数字に変更できます。

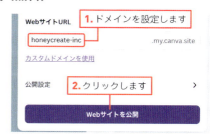

URLを入力したときに「このURLは使用できません」と表示される場合は、そのURLはすでに他のユーザーが使用しているため、別の英数字を設定してください。

◆ サブパスの設定

サブパスとは、無料ドメインの末尾に追加する文字列のことで、異なるURLでWebサイトを公開するための設定です。サブパスを設定した場合のドメインは、「https://○○○.my.canva.site/サブパス」のようになります。
初めてWebサイトを公開する際は、まず無料ドメインを設定します。この時点では、サブパスの設定欄は表示されません。
一度Webサイトを公開して無料ドメインを確定させると、URLの横に🖉が表示され、サブパスを追加・変更ができるようになります。

◆ 独自ドメインを購入して公開（有料）

独自ドメインを購入して、Webサイトに設定することもできます。ドメインは、無料アカウントでも購入できます。

✦ 独自ドメインの購入方法

① サブパス設定欄の下にある「新しいドメインを取得」をクリックします。

② 「新しいドメインを購入」を選択し、「続行」をクリックします。

③ 検索窓に取得したいドメインを入力し、「ドメインを検索」ボタンをクリックします。
取得できる場合は「ドメインを購入」ボタンが表示されるので、クリックして先に進みます。

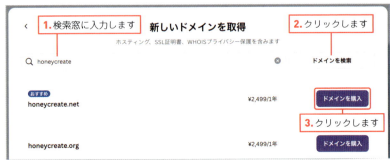

⚠️ **注意**
- スマホアプリでは購入できません。ブラウザ（PC）からのみ購入可能です。
- 購入時に、名前や住所などの情報を入力します（英数字およびハイフンのみ使用可）。

④ 支払いが完了すると、Webサイト公開時に独自ドメインを選択できるようになります。

✦ ドメイン購入後の確認手続き

Canvaで独自ドメインを購入すると、登録時に入力したメールアドレス宛に確認メールが届きます。この確認手続きを完了しないと、取得したドメインが無効になってしまうため、必ず対応してください。

確認メールの注意点

- メールの件名や送信元が英語表記のため、迷惑メールフォルダに振り分けられる可能性があります。
- メールの内容に従い、ドメインの所有確認を行ってください。
- 確認ページも英語表記となっていて少しわかりづらいですが、確実に手続きを完了させましょう。

確認手続きが完了すると、ドメインが正式に有効になります。
手続きを忘れてしまうと、せっかく購入したドメインが使えなくなる可能性があるので、メールが届いたら早めに対応することをおすすめします。

▼ドメイン購入後に届く確認メール

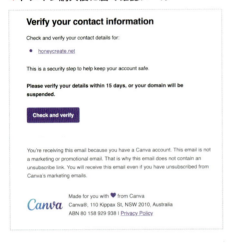

ドメインの管理

無料でも有料でも、ドメインの設定はCanvaのアカウント設定から行います。

◆ 無料ドメインの場合

① ホーム画面右上の「設定」⚙を
クリックします。

212

(2) 「ドメイン」⊕から編集や削除が可能です。

ここでは「編集」を選択します。

お好みのドメイン名になるよう編集して、保存します。

1つのCanvaアカウントにつき、無料のドメインを1つ設定できます。無料プランでは5サイトまで公開可能ですが、同じURLで複数のWebサイトを公開することはできません。

◆ 購入した独自ドメインの場合

Canvaで購入した独自ドメインの設定も、「設定」⚙ →「ドメイン」⊕で確認します。
ここでは、ドメインの更新設定やネームサーバーの変更、DNSレコードの管理などが可能です。

◆ 自動更新について

購入したドメインは、デフォルトで自動更新がONになっています。自動更新を希望しない場合は、設定をOFFにすることが可能です。
ただし、一度更新が切れたドメインは、他のユーザーに取得される可能性があり、再取得が非常に難しくなるため注意が必要です。

✦ 高度な設定（DNS・移管）

ドメインのネームサーバーやDNSレコードを管理したり、他のレジストラ（ドメイン会社）に移管できます。

✦ ドメイン移管について

Canvaで購入したドメインは、購入後60日間は他のドメイン会社へ移管できません。60日経過後は、他のドメイン会社へ移管することが可能です。

サードパーティのドメインを接続する（有料）

Canvaの無料・有料ドメイン以外に、他のドメイン会社で取得した独自ドメインを使ってWebサイトを公開することもできます。ただし、ドメインの管理画面でDNS設定を変更する必要があるため、契約しているドメイン会社にログインできること、およびDNS設定ができるドメインであることが前提です。上級者向けの設定なので、チャレンジしたい人は試してみてください。

✦ 接続方法

① Webサイトの公開設定画面で、サブパス設定欄の下にある「新しいドメインを取得」をクリックします。
「独自のドメインを活用」を選択し「続行」をクリックします。

② 接続したい独自ドメインを入力し、「続行」ボタンをクリックします。

入力内容を確認したら「手順を確認する」をクリックします。

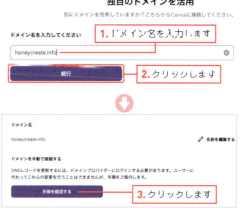

③ 画面の指示に従ってドメイン管理会社のDNS設定をすべて入力し、完了したら「DNSレコードを作成しました」ボタンをクリックします。

④ Webサイト公開時に接続した独自ドメインが選択可能になります。

公開設定の詳細

WebサイトURLの設定欄の下には、「公開設定」があります。ここでは、Webサイトのタイトルや検索エンジンでの表示、パスワード保護など、さまざまな設定ができます。
サブパスの欄が開いていて、公開設定の項目が見えない場合は、スクロールして表示を確認してください。

◆ ブラウザタブのプレビュー

鉛筆アイコン🖉をクリックすると、次の項目を設定できます。

❶ **サイトアイコン**（ファビコン）
ブラウザのタブに表示されるアイコンを設定できます。

❷ **サブヘッダー**（サブタイトル）
Webサイトのタイトルを入力します。

◆ Webサイトの説明

Googleの検索結果やSNSで共有された際に表示される、ページの内容を要約した文章（メタディスクリプション）を設定できます。

◆ 高度な設定

「高度な設定」では次の項目を設定できます。

❶ **パスワード保護**
Webサイトをパスワードで保護し、特定の人だけが閲覧できるようにできます。

❷ **検索エンジンでの表示**
◦ 「有効」にすると、Googleなどの検索エンジンにインデックスされ、検索結果に表示されます。
◦ 検索結果に表示させたくない場合は「無効」にしてください。

❸ **リンクのプレビュー**（OGP画像）
- SNSなどで共有した際に、リンクのサムネイル画像やタイトル・説明文を設定できます。
- 「無効」にすると、SNSで共有した際にプレビューが表示されなくなります。

❹ **プレビュー画像**
通常は1ページ目の画像が表示されますが、デザインによっては正しく表示されない場合があります。
設定されているプレビュー画像にマウスを合わせると表示されるアップロードアイコンをクリックし、カスタム画像をアップロードできます。

推奨サイズ
1200px × 630px
（OGP画像として一般的なサイズ）

※Webサイトを修正して再公開を繰り返していると、リンクのプレビュー設定が解除されることがあります。再公開前には、毎回プレビュー設定をチェックすることをおすすめします。

Webサイトの再公開と非公開

Webサイト公開後は、画面上部に注意文が表示され、「デザインを編集」ボタンをクリックしないと編集ができなくなります。

Webサイトを編集した後は「Webサイトを再公開」ボタンをクリックして、最新の状態に更新します。公開後に変更を加えても自動では更新されないため、編集後は必ず再公開してください。

Point: 共同編集で他の人が修正を加えることはできますが、再公開のボタンを押せるのは所有者のみです。

Webサイト公開後は、公開設定欄を展開すると「Webサイトを非公開にする」ボタンが表示されるようになります。クリックするとWebサイトが閲覧できなくなり、一度非公開にすると再度公開しない限りURLは無効になります。

Part 8

ドキュメントと
ホワイトボードを使おう

8-1 ドキュメントの新規作成

ドキュメントは、レポートや議事録、企画書などのテキストベースの資料作成に適しています。一般的な文書作成ソフトのように文字を入力しながら、画像や図形、アイコンなどを自由に組み合わせることもできます。

ドキュメントの作成方法

Canvaのドキュメント機能は、テキストを作成・編集できるツールです。
ドキュメントはページ単位ではなく、スクロールしながらどこまでも続く形式になっているため、レポートや企画書、ブログ記事の下書き、議事録など、長い文章の作成にも適しています。
この本の原稿もCanvaのドキュメントを使って執筆しました。コメント機能を活用して、リアルタイムで修正やフィードバックを受け取れるので、編集者さんとやり取りするのに便利でした。

◆ ドキュメントの新規作成

① ホーム画面で「ドキュメント」をクリックすると、新しいドキュメントの編集画面が開き、白紙の状態から作成できます。
左側の「デザイン」アイコンをクリックすると、テンプレートを利用して作成することも可能です。

② テキストカーソルの横に表示される「クイックアクション」⊕をクリックすると、見出しや表、チェックリストなど、さまざまなコンテンツを挿入できます。

便利な編集ツール

ドキュメントにも、いろいろな編集ツールがあります。読みやすくしたりデザイン性の高い見た目にするために、最適な手段を使いましょう。

❶ デザイン

「デザイン」を選択すると別ウィンドウで編集画面が開き、ヘッダーやタイトルなどに使えるデザインを作成できます。
テキストや画像、図形を自由に配置し、デザインを完成させるとドキュメント内に自動で挿入されます。挿入されたデザインは、ドキュメントの横幅いっぱいに配置されます。ダブルクリックまたは上部の「デザインを編集」をクリックすると再編集できます。

1. テンプレートを選択します

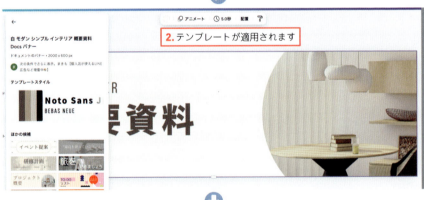
2. テンプレートが適用されます

3. クリックしてデザインを編集します

❷ 見出し（H1）H¹・小見出し（H2）H²

「見出し」H¹や「小見出し」H²を選択すると、文字が大きくなります。単にフォントサイズが大きくなるだけでなく、文章の構造を整理し、読みやすくする役割もあります。

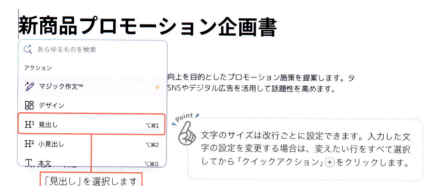

> **Point** 文字のサイズは改行ごとに設定できます。入力した文字の設定を変更する場合は、変えたい行をすべて選択してから「クイックアクション」⊕をクリックします。

画面左下にある「アウトライン」ボタン≡をクリックすると、作成中のドキュメントの見出しと小見出しの一覧が表示されます。リストはリンクになっており、クリックするとその見出しの段落にジャンプします。長い文章でも、見出しを適切に設定するとスムーズに内容を整理できるので活用しましょう。

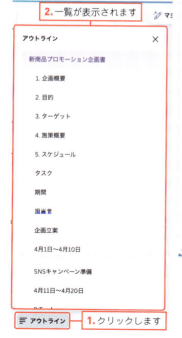

> **Point** すでに入力したテキストを選択し、上部のツールバーから「見出し（H1）」「小見出し（H2）」を適用することも可能です。

❸ 区切り線 ―

「区切り線」―を選択すると、1本の線が挿入されます。文章の区切りや内容の整理に便利です。

長さや太さ、色、点線・実線のスタイルをカスタマイズできます。デフォルトでは全幅いっぱいに表示され、短くすると中央に向かって縮小されます。レイアウトのアクセントとして活用すると、文章が見やすくなります。

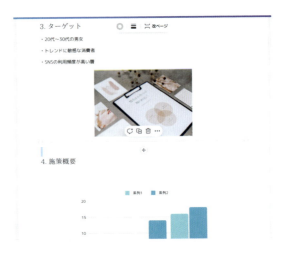

❹ 改ページ

「改ページ」を選択すると、PDFなどでダウンロードする際にページを切り替えたい位置を指定できます。区切り線を追加した後に「改ページ」に変更することも可能です。

ただし、1ページに収まりきらないほど内容が多い場合、改ページを設定しても意図した位置でページが分かれないことがあります。そのため、PDFとして出力する際は、実際の仕上がりを確認しながら調整するのがおすすめです。

❺ チェックリスト

「チェックリスト」を選択すると、チェックボックス付きのリストを作成できます。リストの各項目は、クリックするとチェックを入れたり外したりすることが可能です。

ツールバーの「箇条書き」でも確認できます。

Point　上部ツールバーの「箇条書き」をクリックすると、「箇条書き」、「番号付きリスト」、「チェックリスト」の3つを順番に切り替えることができます。

❻ 列（2列・3列・4列）

「列」を選択すると、ドキュメント内で横並びのレイアウト（段組・コラム配置）を作成できます。通常、ドキュメントの文章は全幅で表示されますが、「列」を追加することで2列〜4列のレイアウトに変更可能です。
スタイル（色付き背景など）が設定されたものや、均等幅のレイアウトなど、さまざまなテンプレートが用意されています。
配置した後は、上部ツールバーから背景色の変更、枠の角丸調整、セルの余白、列の間隔の変更などが可能です。デザインに合わせて自由にカスタマイズしてみてください。

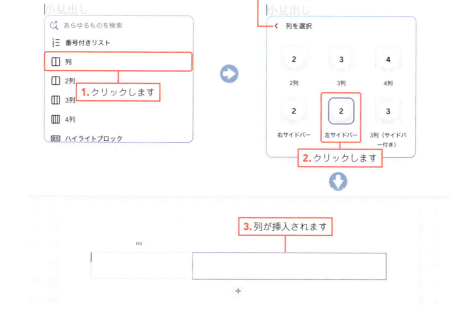

❼ ハイライトブロック

「ハイライトブロック」を選択すると、アイコン付きで背景色がついたブロックを挿入できます。ポイントの解説や注意事項の強調など、情報を目立たせたいときに適しています。
さまざまなスタイルのハイライトブロックが用意されているので、用途に合ったものを選択してください。

❽ 格言 〝〟

「格言」〝〟を選択すると、両端に"　"（引用符）が入った背景色付きのブロックを挿入できます。印象的なメッセージや引用文を目立たせたいときに便利です。

格言の項目内に、いくつかのカラーの格言ブロックが用意されているので、用途に合ったものを選択してください。

❾ 日付 📅

「日付」📅を選択すると、ドキュメント内に目立つ日付を追加できます。タスクの期限やスケジュール管理に活用でき、チームでの共有や個人的な目標設定にも便利です。

日付を選ぶ際は、「日付の選択」からカレンダーを開いて任意の日付を指定するか、[今日]、[明日]、[昨日] のクイック選択も可能です。

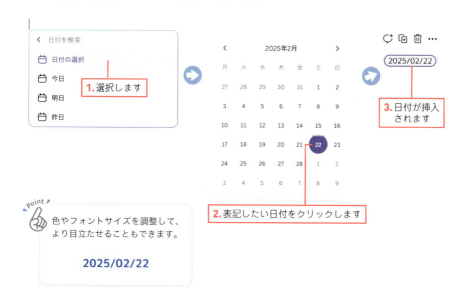

❿ ドロップダウンリスト 🔗

「ドロップダウンリスト」🔗を選択すると、ドキュメント内にドロップダウン形式で選択できるリストを追加できます。タスクの進捗管理や選択肢を提示する際に便利です。

「プリセットメニュー」(テンプレート)から選んで使うこともできますし、「ドロップダウンリストを作成」をクリックすると、オリジナルのドロップダウンリストを作成できます。

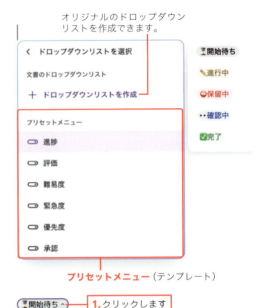

リストの項目は自由に並べ替え・追加・削除できるほか、各項目の色を変更して視認性を高めることも可能です。

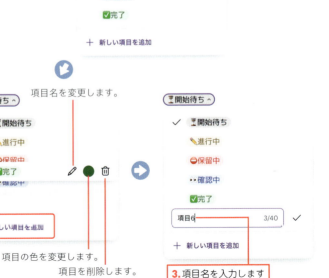

⓫ 埋め込む </>

ドキュメントにも、Webサイト（P.200〜202参照）と同様にYouTube動画やGoogleマップ、Canvaのスライドなどの埋め込みが可能です。埋め込みたいURLを入力すると、リンクが埋め込み対応の場合は自動でプレビューが表示されます。

埋め込み対応のURLの場合、貼り付けたリンクの編集画面の「ディスプレイモード」で「埋め込み」を選択できます。

テキストを読みやすくする機能

文字にマーカーを引いたり、段落を整えたりして、視覚的に読みやすくする機能もあります。個人利用時だけでなく、共同編集を行う際などにも便利です。

ハイライトカラー

テキストを選択した状態で、上部ツールバーから「ハイライトカラー」をクリックし、カラーパレットから好みの色を選ぶと、マーカーで線を引いたように強調できます。
選択したテキストの背景色が変わり、強調表示されるので、見出しやキーワードを目立たせたいときに活用できます。

インデント

インデントを増やしたい文章を選択し、上部ツールバーの「インデントを増やす」をクリックすると、文章の行頭が下がります。逆に、インデントを戻したい場合は「インデントを減らす」をクリックすると元の位置に戻ります。
段落の階層を整理したり、リストを視覚的にわかりやすく配置する際に便利です。

▼インデントの設定をしていない状態

▼インデントを増やす

▼インデントを減らす

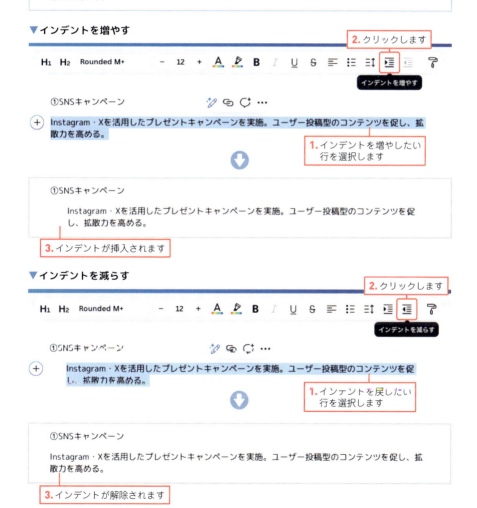

提案モード

上部メニューにある「編集モード」をクリックすると、別のモードに切り替えられます。

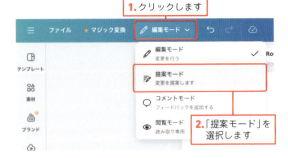

「提案モード」では、ドキュメントを編集した際の右の項目を記録できます。

- テキストの追加・削除・置き換え
- フォントサイズや太字などの書式変更
- スペースの追加または削除
- 素材の追加・削除・移動

編集した部分が青色のハイライトで表示され、どこが変更されたのか一目でわかります。

画面右側には変更内容の詳細がパネルに表示され、変更を『受け入れる』または『拒否する』ことで確定し、青色のハイライトが消えます。返信を追加することも可能です。

P.255で解説している「コメント機能」と似ていますが、コメント機能が意見やフィードバックを残すための機能なのに対し、提案モードは具体的な編集内容を示し、「受け入れる」または「拒否する」ことで確定できる機能です。

共同編集を行う際に、変更内容を確認しながら進められる便利な機能なので、チームでのドキュメント作成時に活用してみてください。

8-2 ドキュメントのダウンロードと公開

Canvaのドキュメントは、通常のダウンロードに加えて、Webサイトとして公開することも可能です。Webサイトを作成するときと同じように、お好みのURLを設定することができます。

ダウンロードする方法

Canvaのドキュメントは、PDFまたはDOCX（Word）ファイルとして保存できます。

① 画面右上の「共有」ボタンをクリックし、「ダウンロード」をクリックします。

② ファイルの種類とサイズを設定し、「ダウンロード」ボタンをクリックすると、ダウンロードが開始されます。

◆ 選べるファイル形式

種類	説明
PDF（標準）	レイアウトを保持したまま保存可能。印刷や共有に適しています。
DOCX（Word）	Microsoft Wordで編集を続けたい場合におすすめです。

DOCX形式では、背景の色が適用されない、埋め込みコンテンツが表示されないなど、一部の要素が正しく再現されない場合があります。作成したデザインをそのままの状態でダウンロードしたい場合は、PDF形式を選択してください。

どちらの形式でも「改ページ」を設定した場所でページが切り替わります。ダウンロード後にページの切り替えがうまく反映されていない場合は、再度調整してからダウンロードしてください。

ドキュメントをWebサイトとして公開する

Canvaのドキュメントは、通常のダウンロードに加えて、Webサイトとして公開することも可能です。Webサイト作成時と同様に、お好みのURLを設定できます。

◆ 公開する方法

① 編集画面右上の「共有」ボタンをクリックし、「Webサイト」を選択します。もし表示されていなければ「すべて表示」の中から選択してください。

② Webサイトの公開設定画面が表示されるので、必要な設定を行い、「Webサイトを公開」をクリックします。

Point
URLや公開設定の詳細は、Part7をご覧ください。

◆ 公開閲覧リンクとの違い

公開閲覧リンクを使用すると、ドキュメントの内容を他の人と共有できますが、Webサイトとして公開すると、より詳細な設定が可能になります。

たとえば、URLをオリジナルに変更できるため、ブランドや用途に合わせたWebサイトの作成ができます。さらに、パスワード保護を設定したり、検索エンジンでの表示・非表示を選択したりすることも可能です。

SNSで共有する際には、リンクプレビューの画像をカスタマイズすることもできるため、視認性の高い共有ができます。ブログ記事やコラムをWeb上で公開したい場合にもおすすめです。

ドキュメントのWebサイト公開機能を活用して、より便利に情報を発信してみてください。

8-3 ホワイトボードを使う

Canvaのホワイトボードは、自由にアイデアを書き出したり、チームでブレインストーミングを行ったりするのに適したツールです。無限に広がるキャンバスを活用し、アイデアや情報を視覚的に整理できます。

ホワイトボードの特徴と活用方法

ホワイトボードは、アイデアを自由にたくさんあげるブレインストーミングや、複雑なプロジェクト管理など、たくさんのメモを書き出しながら思考を整理したいときに活用できます。

✦ ホワイトボードの特徴

- キャンバスの広さに制限がなく、自由に拡大・縮小できる
- テンプレートを活用して効率的にレイアウトできる
- 付箋や図形、手書きツールなどを使って直感的に整理できる
- チームメンバーとリアルタイムで共同編集が可能

✦ ホワイトボードの活用例

ブレインストーミング	プロジェクト管理	マインドマップ	プレゼン準備
自由にアイデアを書き出し、整理	カンバンボードやフローチャートを作成	考えを視覚的に整理し、関連付け	情報をまとめてストーリーを作成

▼ホワイドボードの活用例：マインドマップ

236

✦ ホワイトボードの作成方法

① ホーム画面の「ホワイトボード」 をクリックすると、新しいホワイトボードの編集画面が開きます。ホワイトボードの編集画面は、通常のデザインと異なり、無限キャンバスとなっています。

② 自由に拡大・縮小しながら作業を進めることができます。サイドバーの「テンプレート」から、様々な形式のホワイトボードテンプレートを使うこともできます。

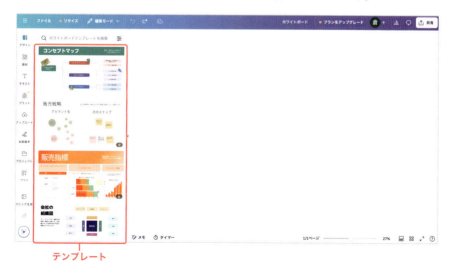

便利なツールと機能

ホワイトボードをより便利で効率的に使うために、ツールを使いこなしましょう。

◆ 付箋

アイデア出しやブレインストーミングに便利な付箋を追加できます。

◆ 付箋の配置方法

左側メニューの「素材」から「付箋」を選択すると、付箋がキャンバス上に配置されます。
配置した付箋には、作成者のアカウント名が自動的に表示されます。

ホワイトボード作成者の名が表示されます。

◆ 付箋の色や文字

付箋の色、テキストの色やサイズは上部ツールバーから自由に変更できます。

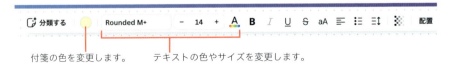

付箋の色を変更します。　　テキストの色やサイズを変更します。

✦ 付箋の追加

付箋の上下左右にある ⊕ アイコンをクリックすると、新しい付箋を追加できます。
⊕ アイコンをドラッグして任意の場所に配置することも可能です。

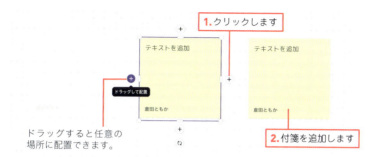

✦ 付箋の移動

⊕ アイコンを他の付箋にドラッグすると、矢印の線で自動的に結ばれます。矢印で結ばれた付箋を移動すると、矢印も連動して動きます。

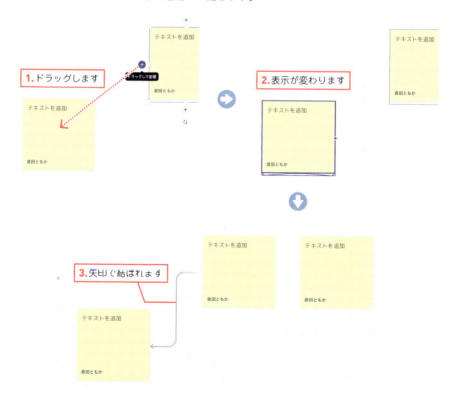

✦ リアクション

付箋をクリックすると、コメントの追加やリアクション（絵文字）を設定できます。チームメンバーと意見交換をしたり、重要な付箋を目立たせたりするのに活用できます。

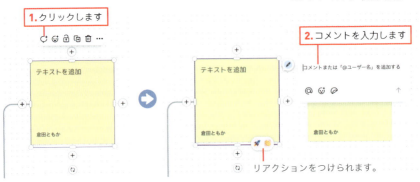

✦ 付箋を分類する

複数の付箋を選択し、上部ツールバーの「分類する」をクリックすると、自動で分類されます。
アイデア整理やワークショップの進行に役立つ機能なので、ぜひ活用してみてください。

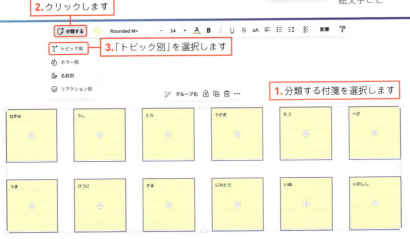

◆ ホワイトボードの図形

ホワイトボードで使用できる図形は、他のデザイン編集時の図形とは異なり、配置すると上下左右に⬆アイコンが表示されます。この⬆アイコンをクリックすると、矢印線で結ばれた同じ図形を追加することができます。

また、⬆アイコンを図形の上にドラッグすると、矢印の線で自動的に結ばれ、図形同士の関係を簡単に表現できます。

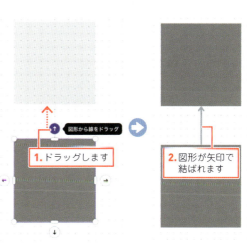

Point

図形だけでなく、付箋とも結びつけることができるため、アイデア整理や情報の流れを視覚的に表現するのに便利です。

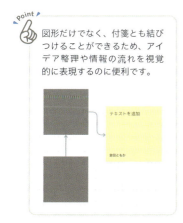

ドラッグ操作で任意の位置に移動でき、矢印線も連動して動きます。

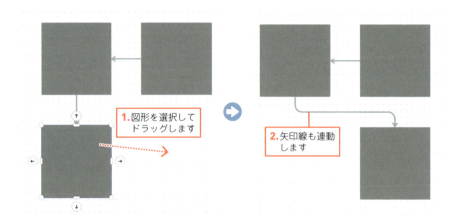

図形の色や枠線、矢印線のスタイルなども自由にカスタマイズ可能です。
マインドマップの作成、フローチャートや組織図の作成、アイデアの構造化や整理など、矢印で繋がった図形や付箋を簡単に追加できるため、思考を可視化したい場面で便利な機能です。

◆ ホワイトボードグラフィック

ステッカー風のグラフィックを付箋に追加することで、リアクションや情報の視覚的な補足ができます。
ホワイトボードグラフィックは、「素材」の「ホワイトボードグラフィック」にまとめられているため、検索要らずですぐに使えるのが特徴です。
チームでのアイデア整理や意見共有を、より直感的に行うことができます。

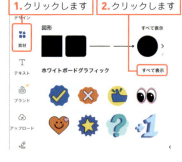

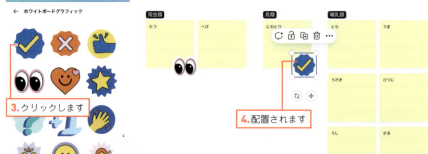

◆ ホワイトボード内を移動・拡大縮小する方法

ホワイトボードは、無限に広がるキャンバスです。自由に移動したり、拡大・縮小したりしながら作業できます。使用するデバイスや操作方法に応じて、適切な方法で移動・ズームを行いましょう。

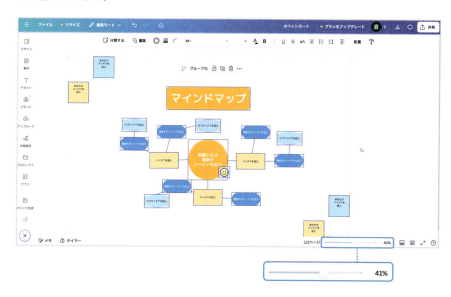

▼ホワイトボードを拡大した例

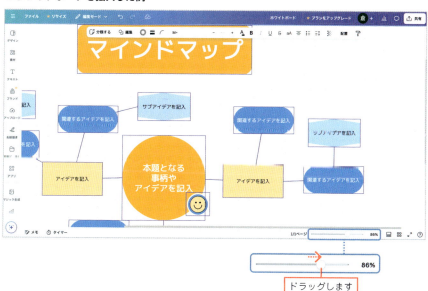

ドラッグします

> **Check** スムーズに操作するために覚えておきたい操作
>
> **キャンバス内の移動**
> ● **マウスを使用する場合**
> 　`space`キーを押しながら、マウスをドラッグするとキャンバスを移動できます。
> ● **トラックパッドやタブレットの場合**
> 　2本指でドラッグすると、スムーズに移動できます。
>
> **拡大・縮小の操作**
> 画面右下のズームバーをスライドさせると、ホワイトボードの表示倍率を変更できます。
> ● **キーボード操作（Mac／Windows）**
> 　`command`（Mac）または`Ctrl`（Windows）を押しながら、マウスホイールをスクロールすると拡大・縮小が可能です。
>
> **トラックパッドやタブレットの場合**
> 2本指でピンチイン・ピンチアウトすることで拡大・縮小ができます。ホワイトボードの広いキャンバスを活かし、自由に動かしながら作業できるので、全体のレイアウトを俯瞰しつつ、細かい調整もスムーズに行えます。

◆ ホワイトボードのページを増やす方法

ホワイトボードは無限キャンバスですが、ページを増やして管理することも可能です。プロジェクトの内容ごとにページを分けることで、整理しながら作業を進められます。

方法1

①　画面右下の「サムネイルを表示」ボタンをクリックすると、ページのサムネイルが表示されます。

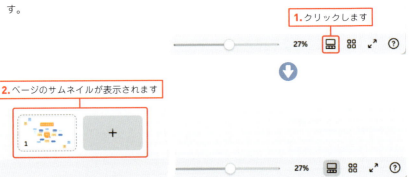

② ➕ボタンをクリックすると、新しいホワイトボードのページが追加されます。

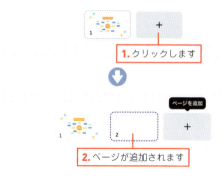

方法2

プレゼン資料 (P.124) と同じように、サムネイルの上にカーソルを持っていくと表示される ••• をクリックすると、ページの追加・複製・削除が可能です。

ページの順番を入れ替える

サムネイルをドラッグ＆ドロップすることで、ページの順番を自由に並び替えられます。

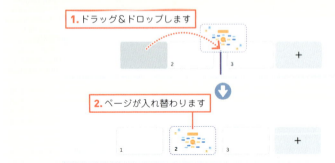

◆ タイマー

ホワイトボード上にタイマーを表示できます。時間を区切ってアイデア出しをしたいときなどに便利です。

タイマーは、画面の左下にあるタイマーアイコンをクリックすると表示されます。このタイマーは、プレゼンテーションの発表者モードで使用できるタイマーと同じ機能を持っています。詳しい使い方については、プレゼンテーションの発表者モードの解説(P.151)をご覧ください。

Part 9

共有と共同編集を使おう

9-1 閲覧リンク作成と権限設定

作成したデザインを簡単に共有し、チームメンバーやクライアントと共同編集することができます。リアルタイムでの編集やフィードバックが可能なため、効率的に作業を進めることができます。

アクセスできるメンバー

「アクセスできるメンバー」として特定のユーザーだけにアクセスを制限できます。アクセスできるメンバーに追加された人だけがデザインを開くことができるため、限定的な共有が必要な場合に便利です。

◆「アクセスできるメンバー」の追加方法

① 画面右上の「共有」をクリックし、「アクセスできるメンバー」にメンバーに招待したい人のメールアドレスを入力します。
このとき入力するメールアドレスは、Canvaのアカウントに登録しているアドレスにする必要があります。

② 招待する際にメッセージを追加することもできます。

③ 「共有」ボタンをクリックすると、招待した相手のCanvaに通知とメールが送信されます。

 注意
チェックボックスにチェックを入れると、有料のチームプランになります。必要なければチェックはしないでください。

招待相手が通知を確認するまでは、自分のCanva画面には「保留中の招待」と表示されます。
招待をキャンセルしたいときは、招待リストの右側にある⌄をクリックして、「削除」を選択してください。

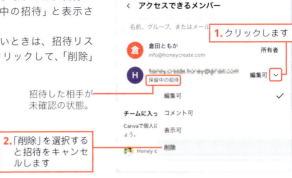

1. クリックします
2. 「削除」を選択すると招待をキャンセルします

招待した相手が未確認の状態。

共有リンク

Canvaのデザインをリンクを知っている人に共有できる機能です。用途に応じて適切な権限を設定しましょう。

あなただけがアクセス可能（非公開）
初期設定の状態です。リンクを共有しない限り、他の人はアクセスできません。

リンクを知っている全員
リンクを知っている人なら誰でも、以下の権限に従ってアクセスできます。

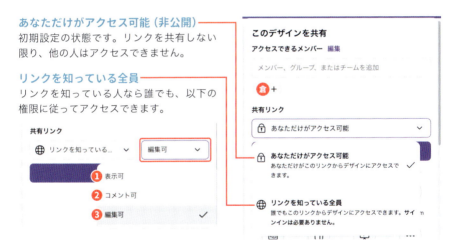

❶ **表示可**
- Canvaの編集画面の閲覧専用。編集もコメントも不可

❷ **コメント可**
- Canvaの編集画面に入れるが、デザインの編集はできず、コメントのみ可能
- コメントを入れる場合は、Canvaにログインする必要あり

❸ **編集可**
- Canvaの編集画面に入り、デザインの編集が可能
- Canvaアカウントを持っていない人でも、文字の変更など一部の編集が可能

Point
共有を解除したいときは、「あなただけがアクセス可能」に設定を変更します。

◆ 編集アクセスのリクエスト

閲覧専用でアクセスしたとき、コメントを追加したり編集したくなった場合は、画面左上の「閲覧モード」（または「コメントモード」）から「編集アクセス権をリクエスト」ボタンをクリックして申請できます。

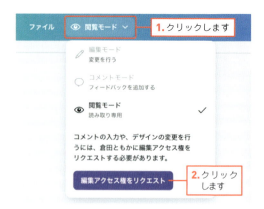

◆ デザインをコピーされたくない場合の注意点

閲覧専用の「表示可」の共有リンクでも、デザインのコピー（複製）が可能です。
外部にデザインのコピーを許可したくない場合は、共有リンクでの公開を避けましょう。

公開閲覧リンク

デザインの内容を複製不可の状態で公開するためのリンクで、編集画面には入れず、閲覧専用のページとして表示されます。例えば、セミナーの資料や提案書を関係者に共有する際、デザインを見せるだけで、複製されたくない場合に適しています。

Point 公開閲覧リンクは、あくまで「閲覧のみ」のため、デザインの編集やコピーはできません。

◆ 公開閲覧リンクの発行方法

① 画面右上の「共有」から「公開閲覧リンク」を選択し、「公開閲覧リンクを作成」ボタンをクリックするとリンクが発行されます。

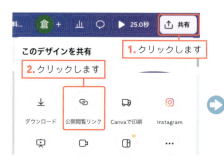

② 「リンクをコピー」をクリックすると発行したリンクがコピーされるので、共有したい相手に伝えます。

Point
有料プランでは複数の公開閲覧リンクを作成でき、異なるリンクごとの閲覧データを確認できます。どのリンク経由で、どれくらいの人が閲覧しているのかを分析できます。

◆ 公開閲覧リンクの変更・削除方法

公開しているリンクの右横にある…をクリックすると、リンクの名前を変更したりリンクを削除したりできます。

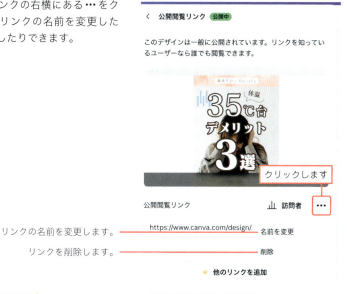

リンクの名前を変更します。——— 名前を変更
リンクを削除します。——— 削除

▼リンク名を変更する場合

リンク名を入力します

▼リンクを削除する場合

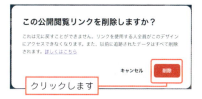

クリックします

9-2 テンプレートのリンク
（👑有料プラン限定）

自作のデザインを、テンプレートとして配布するための専用のリンクを発行できます。Canvaのテンプレートデザイナーとして活動するときだけでなく、チーム内で統一フォーマットを使用したい場合や、特定のデザインを共有する際に便利です。

テンプレートのリンクの発行方法

テンプレートの配布用リンクを受け取った人がリンクを開くと、その人のCanvaアカウント内にコピーが作成され、オリジナルのデザインは編集されずにそのまま残ります。そのため、受け取った人は自由にカスタマイズでき、送信者の元デザインには影響を与えません。

① 画面右上の「共有」から「テンプレートのリンク」（有料プラン限定）を選択します。もし表示されていない場合は、「すべて表示」から探してください。

② 「テンプレートのリンクを作成」ボタンをクリックすると、リンクが発行されます。発行されたリンクをコピーして共有します。

③ 共有された相手がリンクを開くと、テンプレートのプレビュー画面が表示されます。
「新しいデザインにテンプレートを使用」ボタンをクリックすると、共有された相手のCanvaにコピーされて編集画面が開きます。

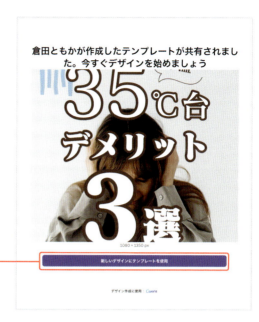

クリックして編集画面を開きます

◆ テンプレートのリンクを削除する

テンプレートのリンクを非公開にしたい場合は、「テンプレートのリンクを削除」ボタンをクリックしてください。

Point
リンクを削除しても、すでにコピーされたデザインはそのまま残ります。

クリックします

デザインをWebサイトなどに埋め込む

CanvaのデザインをHTMLコードを使ってWebサイトなどに埋め込めます。

▼埋め込みの種類

HTML埋め込みコード	Webページに直接埋め込めるコードを発行
スマート埋め込みリンク	対応するプラットフォームでプレビュー付きで表示されるリンク

WordPressなどのHTMLコードを設定できるWebサイトなら、Canvaで作成した動画やプレゼン資料などをそのままページ内に設置することができます。
元のCanvaのデザインを変更すると、埋め込まれている方も自動的に変更されるので、とても便利です。

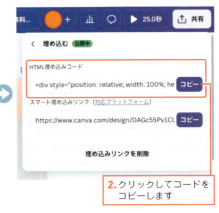

1. クリックします
2. クリックしてコードをコピーします

9-3 その他の便利機能

デザインを共有する際に便利な機能は他にもあります。余すことなくCanvaの機能を使いこなせるよう、チェックしていきましょう。

コメント機能

Canvaのコメント機能を使うと、デザイン上でリアルタイムにフィードバックを残せます。デザインを共有しているメンバー同士で意見を交換しながら作業を進められるため、共同編集に便利です。

◆ コメントの追加方法

① コメントを入れたいテキストや画像を選択し、フローティングツールバーの「コメント」をクリックします。
背景やサムネイルを選択して、デザイン全体に対してコメントを入れることも可能です。

▼テキストにコメントを入れる例

▼サムネイルにコメントを入れる例

② コメントを入力して送信します。

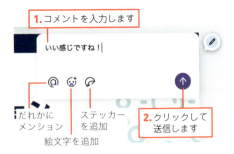

◆ 他のメンバーにメンションを付ける

メンション（@ユーザー名）を入力すると、そのユーザーに通知が届きます。過去にそのデザインの編集画面にアクセスしたことのあるユーザーにのみメンション可能です。

Point @を入れると、このデザインに共有リンクなどでアクセスした人が表示されます。ログアウト中でも表示されます。

表示されるリストから選択できます。

◆ コメントのスレッド管理

返信を追加するとスレッド形式でやり取りできます。コメントへの返信対応が完了したら、「解決」をクリックしてコメントを非表示にできます。

コメントのやり取りはスレッド形式で行います。

Part 10

AI機能と
アプリを活用しよう

10-1 CanvaのAI機能

Canvaには、作業を効率化する便利なAI機能が搭載されています。ほとんどが有料プランの機能ですが、CanvaのAI機能を活用して、デザインをより簡単かつ効果的に仕上げる方法を紹介します。

背景除去（👑有料プラン限定）

ワンクリックで画像や動画の背景を削除できる「背景除去」機能が利用できます。被写体だけを残したり、別の背景と組み合わせたりすることで、デザインの幅が広がります。

◆ 画像の背景除去

背景を削除したい画像をクリックし、上部ツールバーの「背景除去」をクリックすると、自動で背景が削除されます。

背景を削除した画像を再び選択し、上部ツールバーの「背景除去」をクリックすると、手作業で背景の削除や復元ができます。うまく背景除去されなかった部分を微調整するのに便利です。

例）切り抜いたあと、離れた卵も追加で消したい。

◆ 動画の背景除去

背景を削除したい動画をクリックし、上部ツールバーの「背景除去」を選択すると、自動で背景が削除されます。

動画の背景除去は、手作業での微調整ができません。

2. クリックします
3. 背景が削除されます
1. クリックします

マジック消しゴム（♛有料プラン限定）

「マジック消しゴム」を使うと、画像内の不要なオブジェクトを簡単に消すことができます。背景を維持しながら、消した部分を自動補完してくれるため、自然な仕上がりになります。

◆ マジック消しゴムの使い方

① 不要な部分を消したい画像をクリックし、上部ツールバーの「編集」をクリックします。「マジックスタジオ」にある「マジック消しゴム」を選択します。

3. 選択します

2. クリックします　1. クリックします

② ブラシまたはクリックで消したいエリアを選択し、「削除する」ボタンをクリックします。

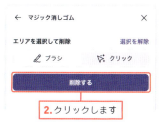

2. クリックします

1. 消したいエリアを選択します

259

③ 選択した部分が削除され、AIにより背景が補完されます。

選択した部分が削除されます

Point 消去後に少し残ってしまった場合は、もう一度ブラシでなぞって削除するとよりきれいに消せます。

Point 複雑な背景ではうまく補完されないこともあります。

マジック切り抜き（👑有料プラン限定）

「マジック切り抜き」を使うと、画像内の人物や対象物を背景から分離することができます。切り抜いた被写体と背景は、それぞれ独立した画像として扱えるため、自由に配置を調整したり、別のデザインに組み込んだりするのに便利です。

◆ マジック切り抜きの使い方

① 切り抜きたい画像をクリックし、上部ツールバーの「編集」をクリックします。「マジックスタジオ」にある「マジック切り抜き」を選択します。

② ブラシまたはクリックで切り抜きたい部分を選択し、「切り抜き」ボタンをクリックします。

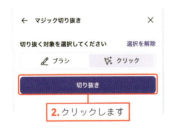

③ 選択した部分が背景から分離され、切り抜かれた部分の背景はAIで自動補完されます。
背景と被写体が別の画像として分離されるため、それぞれに対して個別の加工が可能です。

選択した部分が背景から分離されます

マジック拡張（👑有料プラン限定）

「マジック拡張」は、画像を任意の方向に拡張し、不足している部分をAIが自然に補完する機能です。タイトルを入れるために構図を調整したいときや、写真の比率を変更したいときに便利で、ズームインした画像の一部を復元したり、縦長の写真を横長に変換したりすることも可能です。

◆ マジック拡張の使い方

① 拡張したい画像をクリックし、上部ツールバーの「編集」をクリックします。「マジックスタジオ」にある「マジック拡張」を選択します。

② 拡張したい方向へドラッグして、画像のサイズを調整したら、「展開」ボタンをクリックします。枠は上下左右に伸ばすことが可能です。

1.クリックします
2.クリックします
4.クリックします

3.ドラッグします

③ AIが補完した4つの候補が表示されるので、最も自然なものを選択します。「完了」ボタンをクリックすると確定します。結果が気に入らない場合は、「新しい結果を生成する」ボタンで再生成できます。

1.選択します
2.クリックします

再生成したい場合に選択します。

262

マジック生成

「マジック生成」は、テキストを入力するだけでAIが画像や動画を自動生成する機能です。オリジナルのビジュアルを簡単に作成でき、デザインの幅が広がります。
画像・グラフィック・動画（4秒）の3種類に対応しています。
※グラフィックと動画はベータ版です。（2025年3月現在）

◆ マジック生成の使い方

① サイドバーの「素材」内をスクロールして、「独自のものを生成する」をクリックします。

② 「マジック生成」メニューから、作成する種類（画像／グラフィック／動画）を選択します。

グラフィックと動画はベータ版のため、仕上がりが不安定な場合があります。

② 生成したい内容の説明文を入力したら、「イメージを生成」ボタンをクリックします。

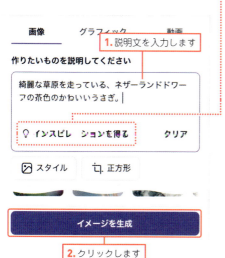

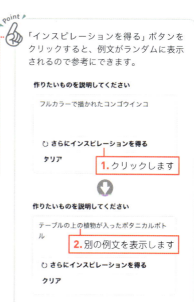
「インスピレーションを得る」ボタンをクリックすると、例文がランダムに表示されるので参考にできます。

263

③ AIが作成した4つの候補が表示されます。（動画の場合は、1つのみ表示されます。）
好みのものをクリックすると、編集画面に追加されます。
追加された画像や動画は、通常の素材と同じように拡大・縮小や色変更が可能です。
アップロードフォルダにも自動保存されるため、後から再利用も可能です。

▼画像生成の結果

結果が気に入らない場合は、「再生成する」ボタンで新しい候補を生成できます。

▼グラフィック生成の結果

▼動画生成の結果

 注意
- マジック生成は回数制限があります。
- 無料プランは、画像・グラフィックは合計50回まで、動画は合計5回まで生成できます。
- 有料プランは、画像・グラフィック合わせて毎月500回、動画は毎月50回生成できます。

マジック作文

「マジック作文」は、AIが自動で文章を生成する機能です。キーワードや簡単な指示を入力するだけで、ブログ記事、SNS投稿、商品説明、キャッチコピーなど、さまざまなテキストを作成できます。文章作成に時間をかけず、アイデア出しのサポートとしても活用できる便利な機能です。

◆ マジック作文で生成する方法

① サイドバーの「テキスト」から「マジック作文」を選択します。

② 編集画面上に、マジック作文のウインドウが表示されます。作成したい文章の指示を入力し、「生成」ボタンをクリックします。

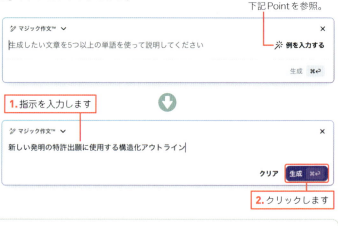

> **Point**
> 「例を入力する」をクリックすると、例文が表示されるので参考になります。

③ AIが作成した文章が表示されます。
別の文章が見たいときは、左下の「ほかの候補」をクリックすると再生成されます。「少し修正する」をクリックすると、さらに指示を入力できます。
文章が確定したら右下の「追加」ボタンをクリックし、編集画面の中に配置します。
生成した文章は、通常のテキストと同じように、文字のサイズ、フォント、色などを変更できます。

再生成します。　指示を追加できます。

文字サイズ、フォント、色などを変更します

 注意
- マジック作文は回数制限があります。
- 無料プランは合計50回まで生成できます。
- 有料プランは毎月500回生成できます。

◆ 配置しているテキストをマジック作文でカスタマイズする

すでに配置されているテキストにもテキスト生成を使って変更できます。テキストを選択すると上部に 🖌 が表示され、さまざまな機能を使うことができます。

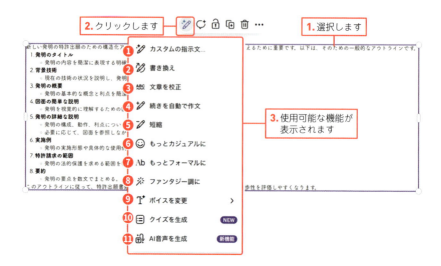

❶ カスタムの指示文… 🖌
任意の文章を作成するための自由入力欄。

❷ 書き換え 🖌
既存の文章を更新し、よりわかりやすく言い換えます。

❸ 文章を校正 ABC
文法や誤字脱字をチェックし、正しい日本語に修正します。

❹ 続きを自動で作文 🖌
文章の流れを読み取って、自動で続きを生成します。

❺ 短縮 🖌
長い文章を簡潔にまとめ、要点のみを抽出します。

❻ もっとカジュアルに 😊
フォーマルな文章をカジュアルなトーンに変えます。

❼ もっとフォーマルに Ab
くだけた文章をビジネスや公式な場面に適した文体に変えます。

❽ ファンタジー調に ✧
文章を物語風、創作向けのファンタジー調に変えます。

❾ ボイスを変更 T
登録した文章の口調やトーンに変更します。

❿ クイズを生成
文章をもとにクイズを作成します。

⓫ AI音声を生成
選択したテキストをAI音声で読み上げます。現在は2種類から選べます。

音声補正（👑有料プラン限定）

「音声補正」は、動画内の音声をワンクリックでクリアに調整できる機能です。外で撮影した動画の風の音や環境音を軽減し、こもった音や小さい声を聞き取りやすくすることで、よりクリアな音質に仕上げることができます。

◆ 音声補正の使い方

編集画面に配置している、補正したい動画を選択します。
上部ツールバーの「オーディオ」をクリックし、「音声補正」のスイッチをオンにすると、自動的にノイズが軽減され、音声がクリアになります。

> **Check** 進化した画像生成「ドリームラボ」

「ドリームラボ」とは、より高品質な画像を生成できる最新のAI画像生成ツールです。通常の「マジック生成」と比べ、リアルで精細な画像を作成できるため、細かいディテールや複雑な構図の表現にも適しています。

ドリームラボの使い方

① 「ドリームラボ」画面を開く
ホーム画面のサイドメニューから「ドリームラボ」をクリックします。

② 画像の説明を入力する
作成したい画像の説明を入力します。詳細に指示するほど、希望に近い画像が生成されます。

クリックします

説明を入力します

幻想的な森の中、小さな茶色いネザーランドドワーフのウサギが柔らかい苔の上にちょこんと座っている。月明かりが木々の隙間から優しく差し込み、淡い金色の輝きがウサギのふわふわとした毛並みに反射している。その丸く愛らしい瞳は好奇心に満ち、静かな森の神秘的な空気を映し出している。周囲には幻想的な光の粒が舞い、微かに発光する花々が夜の静寂に優しい彩りを添える。ウサギの小さな鼻がぴくりと動き、幻想の中で生きているかのような繊細な雰囲気を漂わせる。温かみのある幻想的な風景の中で、まるで夢の世界に迷い込んだかのような、優しく穏やかな光景が広がっている。

Point
初回アクセスの際は、見本の画像が表示されます。画像を選択して「使用する」ボタンをクリックすると、その画像の生成に使われた文章が表示されるので、参考にできます。

インスピレーションをここから。いくつかのアイディアをご紹介します。

③ 生成の補助ツールを設定する
「画像を追加」をクリックすると、生成のガイドとなる画像を設定できます。

1. クリックします

2. 生成の際に参照される画像を設定します

270

「スマート」をクリックすると、画像のスタイルが選べます。クリエイティブ、ボケ、シネマティック、ポップアートなどの中から選択できます。

4 サイズを選択する

画像のサイズを選択します。1：1、16：9、9：16など、用途に応じた縦横比を設定できます。

5 画像を生成する

「作成」をクリックし、画像が生成されるまで待ちます。生成された画像は、ページ下部に表示されます。

次ページへつづく

生成された画像は、画像をコピー、ダウンロード、新規デザインに追加できます。

> ⚠️ **注意**
> ○ ドリームラボは回数制限があります。
> ○ 無料プランは毎月20回まで、有料プランは毎月500回まで利用できます。

▼今回の生成に使用した説明文と設定値

> 幻想的な森の中、小さな茶色いネザーランドドワーフのウサギが柔らかい苔の上にちょこんと座っている。月明かりが木々の隙間から優しく差し込み、淡い金色の輝きがウサギのふわふわとした毛並みに反射している。その丸く愛らしい瞳は好奇心に満ち、静かな森の神秘的な空気を映し出している。周囲には幻想的な光の粒が舞い、微かに発光する花々が夜の静寂に優しい彩りを添える。ウサギの小さな鼻がぴくりと動き、幻想の中で生きているかのような繊細な雰囲気を漂わせる。温かみのある幻想的な風景の中で、まるで夢の世界に迷い込んだかのような、優しく穏やかな光景が広がっている。

- スタイル：スマート
- サイズ：4：3

▼生成した画像

Chapter 10-2 アプリを活用する

Canvaには、デザインをより魅力的に仕上げるための拡張アプリが多数用意されています。特に、テキストエフェクト、画像編集、描画生成、グラデーション、3D効果など、表現の幅を広げるツールが充実しています。

実用ツール

仕事や学業など、活用できるシーンが多い実用性の高いアプリを紹介します。外部アプリを使ったり、繰り返しの多い作業をよく行う人におすすめです。

✨ QR code（QRコード作成機能）

URLを入力するだけで簡単にQRコードを生成し、編集画面内に追加できます。印刷物やデジタル資料にリンクを埋め込みたいときに便利です。

① サイドバーの「アプリ」を開きます。「人気カテゴリ」の中に「QR code」があります。見つからない場合は、上部の検索バーで「QR code」と入力して検索してください。

「QR code」を初めて開くと、説明画面が表示されるので「開く」ボタンをクリックします。

②QRコードをスキャンした際に、アクセスさせたいリンク先URLを入力します。
「カスタマイズ」では、QRコードの色や余白を変更できます。
設定が完了したら、「コードを生成」ボタンをクリックします。

③QRコードが編集画面内に追加されるので、必要に応じてサイズや配置を調整します。
すでに配置したQRコードのURLや色を変更したい場合は、QRコードを選択して表示される上部ツールバーの「編集」をクリックします。
変更後に「コードをアップデート」をクリックすると、編集画面内のQRコードが更新されます。

✦ 一括作成（👑有料プラン限定）

Canvaの「一括作成」機能を使うと、CSVファイルなどのデータをもとに、大量のデザインを一度に作成できます。例えば、複数の異なる名前を入れた名刺や、キャンペーンごとに異なる画像を差し替えたSNS投稿を一括で作成することが可能です。

① デザインを準備し、サイドバーの「アプリ」から「一括作成」をクリックします。

② 「データを手動で入力」または、XLSXファイルやCSVファイルなどのデータを使う「データをアップロード」を選択します。
今回は「データを手動で入力」ボタンをクリックします。

③ 表が表示されるので、「テキストを追加」をクリックして手作業でデータを追加していきます。データを入れ終わったら右下の「完了」ボタンをクリックします。

④ データをデザインのテキストや素材に紐付けます。
紐付けしたいテキストや素材を選択して、右クリックもしくは…をクリックして、「データの接続」をクリックします。

リストから紐付けしたいデータ名を選択します。

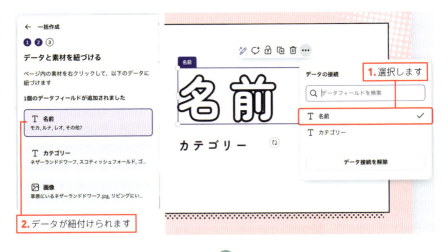

すべてのデータに紐付けができたら「続行」ボタンをクリックします。

⑤ 確認画面が表示されるので、問題なければ「○点のデザインを生成」ボタンをクリックします。

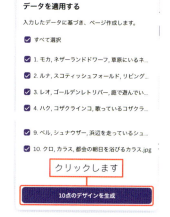

⑥ 各ページにデータが反映されたデザインが自動生成されます。

✦ Mockups

「Mockups（モックアップ）」とは、画像やデザインを実際のシチュエーションに当てはめた見本のことです。たとえば、デザインをTシャツや看板に配置したり、Webデザインをスマートフォンの画面に表示したりすることで、よりリアルな完成イメージを伝えることができます。

Canvaでは、モックアップ機能で簡単にプロフェッショナルなプレゼンテーションや販促資料を作成できます。

① サイドバーの「アプリ」を開きます。「人気カテゴリ」の中に「Mockups」があります。見つからない場合は、上部の検索バーで「Mockups」と入力して検索してください。

② 任意のモックアップテンプレートを選択すると、編集画面に配置されます。

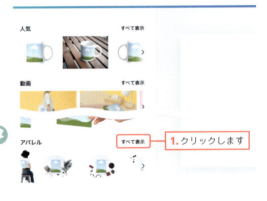

✦配置されたモックアップテンプレートの編集

素材やアップロードから、モックアップの中に設定したい画像をモックアップテンプレートの上にドラッグすると、モックアップの中に入ります。

モックアップテンプレートを選択して、上部ツールバーの「編集」ボタンをクリックすると、中に入れている画像のサイズや配置を変えることができます。
また、アパレルなどのモックアップテンプレートは、テンプレート内の服の色も変えることができます。

✦ モックアップテンプレートを作成する（🔰有料プラン限定）

有料プラン限定の機能ですが、通常の写真をモックアップテンプレートとして作成できます。オリジナルのモックアップテンプレートを作ることができます。

① モックアップテンプレートにしたい写真を編集画面に配置した状態で、「Mockups」を開きます。
モックアップテンプレートにしたい写真を選択して、「モックアップテンプレートを作成する」をクリックします。

② 候補が4つ表示されるので、使用したいものを選び「確認」ボタンをクリックします。写真の内容によっては、候補が出ないまま確定となる場合があります。

③ モックアップテンプレートが作成されると、通常のMockupsと同じように、画像をドラッグして適用できます。

○ 有料プランの写真はモックアップテンプレートにすることができません。
○ 複雑な画像では、うまく作成されないことがあります。

✦ FontStudio

「FontStudio」は、テキストにアウトライン、影、3D効果などの複数のエフェクトを追加できるツールです。シンプルな文字に加工を加えることで、よりインパクトのあるデザインに仕上げることができます。ポスターやSNS投稿、ロゴデザインなど、文字を目立たせたい場面で活用できる便利な機能です。

① サイドバーの「アプリ」 を開き、検索窓から「FontStudio」を検索して選択します。
初めて開く場合は、説明画面が表示されるので「開く」をクリックします。

281

② テンプレート選択画面が開くので、お好みのスタイルを選びます。

選択します

③ テキストやフォント設定など各種設定を調整し、完了したら「デザインに追加」ボタンをクリックしして編集画面に配置します。
配置後はグラフィック素材として扱われるため、テキストやフォントを変更したい場合は新しく作成する必要があります。

1. 設定します

2. 設定を終えたらクリックします

⚠ 注意
現在は日本語フォントには対応していません。基本的に英字フォントのみ使用可能です。

✦ Image Blender

「Image Blender」は、画像をブレンドして合成できるツールです。簡単な操作で透過・重ね合わせ・グラデーションブレンドなどの効果を適用でき、アート風デザインや幻想的な画像編集が可能になります。
背景と人物をなじませたり、異なる画像をスムーズに組み合わせたりすることで、プロフェッショナルなビジュアルを作成できます。

① サイドバーの「アプリ」を開き、検索窓から「Image Blender」を検索して選択します。初めて開く場合は、説明画面が表示されるので「開く」ボタンをクリックします。

② ブレンドしたい写真を選択して、「Blend selected image」ボタンをクリックします。

③ 画像合成タイプ（リニア／円グラフ）を選び、レベルを調整します。
「Save」ボタンをクリックすると確定され、編集画面に配置されます。

▼リニアを選んだ場合

▼円グラフを選んだ場合

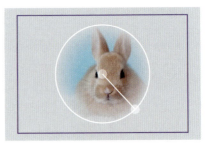

④ 他の写真の上に移動すれば、合成写真の完成です。
配置したブレンド画像は「アップロード」にも自動保存されるため、再利用が可能です。

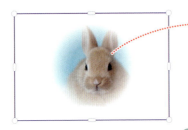

✦ Easy Reflections

「Easy Reflections」は、画像にリアルな反射（リフレクション）エフェクトを追加できるツールです。ワンクリックでオブジェクトの映り込みを作成でき、商品画像やポートレート、デザインの質感を向上させるのに最適です。シンプルな操作で、光沢感や高級感のあるビジュアルを作成できます。

① サイドバーの「アプリ」🝆 を開き、検索窓から「Easy Reflections」を検索して選択します。初めて開く場合は、説明画面が表示されるので「開く」をクリックします。

② リフレクション効果を追加したい写真を配置します。背景除去されている写真がおすすめです。「Create reflection」をクリックします。

③ Position（反射の向き）、Offset（反射の距離）、Opacity（透明度）などを調整して、
「Add to design」ボタンをクリックすると、編集画面に配置されます。
元の画像が自然に反射して見えるように、配置位置を調節します。

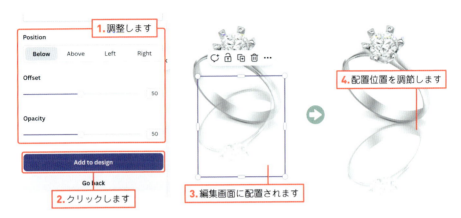

グラフィック・デザインエフェクト

グラフィックを作るアプリも豊富です。デザインを彩るちょっとした素材が欲しいときに便利なアプリを紹介します。

✦ CanBlob

「CanBlob」は、なめらかな曲線を持つユニークな形（ブロブ）を簡単に作成できるツールです。背景の装飾やデザインのアクセントに最適で、Webデザインや SNS 投稿、プレゼン資料などで活用できます。
さらに、作成した形に写真をドラッグ＆ドロップすると、その形の写真フレームとしても利用可能です。

① サイドバーの「アプリ」を開き、検索窓から「CanBlob」を検索して選択します。
初めて開く場合は、説明画面が表示されるので「開く」をクリックします。

② Blob typeから、線だけ、グラデーションなどタイプを変更できます。
色や凹凸の滑らかさもカスタマイズできます。

▼ Blob type：Solidの場合　　▼ Blob type：Outlineの場合　　▼ Blob type：Gradientの場合

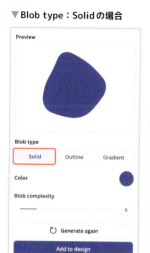
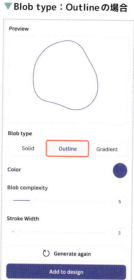

③ 形はランダムで作られるので、気に入る形になるまで「Generate again」をクリックして再生成します。お好みの形ができあがったら「Add to design」ボタンをクリックして編集画面に配置します。

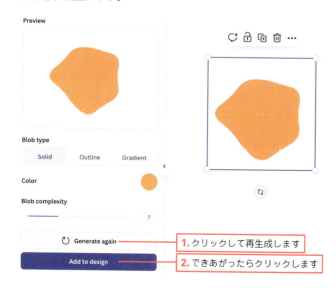

1. クリックして再生成します
2. できあがったらクリックします

④ 配置されたBlobはグラフィック素材のように拡大縮小・色変更が可能です。

配置されたBlobに写真をドラッグ＆ドロップすると、オリジナルの写真フレームとしても活用できます。

◆ Waves

「Waves」は、オリジナルの波形デザインを作成できるツールです。背景の装飾やセクションの区切り、視線を誘導するデザイン要素として活用できます。

① サイドバーの「アプリ」 を開き、検索窓から「Waves」を検索して選択します。
初めて開く場合は、説明画面が表示されるので「開く」をクリックします。

② 波形をカスタマイズします。
「Generate」ボタンをクリックすると、ランダムで新しい形が表示されます。気に入る形になるまで、何度でも試せます。

❶ **Wave shape**（波の形状）
なめらかな波、シャープな波などを選択。

❷ **Aspect ratio**（アスペクト比）
波形の縦横比を選択可能。

❸ **Complexity**（複雑さ）
波の細かさを調整（数値を上げると、より細かい波形に）。

❹ **Wave height range**（波の高さ）
波の振れ幅（高さ）を調整する。

1. クリックします

「Add to design」ボタンをクリックすると、編集画面に配置されます。

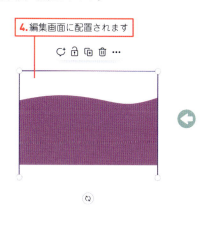

4. 編集画面に配置されます

2. 新しい形が表示されます

3. クリックします

③ 配置後はグラフィック素材と同じように拡大縮小・色変更ができます。

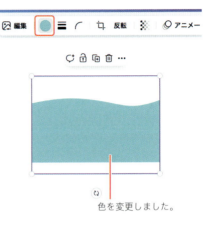

色を変更しました。

◆ CanWave

「CanWave」は、美しい波形パターンを生成できるツールです。シンプルな操作で、複数の波が重なり合うデザインを作成でき、グラデーションを加えた奥行きのある波形を作ることができます。

① サイドバーの「アプリ」を開き、検索窓から「CanWave」を検索して選択します。
初めて開く場合は、説明画面が表示されるので「開く」をクリックします。

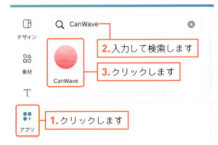

② 波形パターンをカスタマイズします。
「Generate again」をクリックすると、新しい波が生成されます。気に入る波の形が出るまで試せます。
設定が完了したら、「Add to design」ボタンをクリックしして編集画面に配置します。

❶ **Wave type**（波の種類）
Solid（単色）
　シンプルな単色の波
Gradient（グラデーション）
　色のグラデーションがついた波
Line（ライン）
　線で描かれた波

❷ **Shape**（形状）
Curved（カーブ）
　なめらかな曲線の波
Pointy（とがった波）
　鋭くシャープな形

❸ **Number of layers**（波の数）
1層から5層まで設定できます。

❹ **Color**（色の選択）
波の色を選択します。グラデーションの場合は2色選択します。

❺ **Color variation**（色のバリエーション）
波が2層以上あるとき、色の差を調整します。

❻ **Complexity**（波の複雑さ）
波の形状の細かさを調整できます。

❼ **Height variation**（波の高さの変化）
波の高さのバリエーションを調整できます。

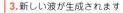
3. 新しい波が生成されます

4. 設定が完了したらクリックします

③ 配置した波は、素材と同じように拡大・縮小が可能です。

拡大しました

✦ Gradient Generator

「Gradient Generator」は、ワンクリックで美しいグラデーションを作成できるツールです。直感的な操作で、カラーで設定できるグラデーションとはまた違った雰囲気のグラデーションを簡単に作成できます。

① サイドバーの「アプリ」を開き、検索窓から「Gradient Generator」を検索して選択します。
初めて開く場合は、説明画面が表示されるので「開く」をクリックします。

1. クリックします
2. 入力して検索します
3. クリックします

4. クリックします

292

② グラデーションをカスタマイズします。
「Randomize」ボタンをクリックすると、新しいグラデーションが生成されます。気に入るグラデーションが出るまで試せます。

1. カスタマイズします

❶ **Color palette**
グラデーションに使用する色を選択します。

ドラッグして色を変更できます。
コード入力できます。

❷ **Lock color palette**
有効にすると、同じ色のグラデーションを試行錯誤できます。

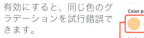

生成された色の中でグラデーションを作成します。
有効の状態。

❸ **Noise level**
グラデーションの質感を調整します。

2. クリックしてグラデーションを生成します

Randomize
Add to design

③ 好みのグラデーションになったら、「Add to design」ボタンをクリックしてキャンバスに配置します。
配置後は、素材と同じように拡大・縮小ができます。

サイズを変更できます

設定が完了したらクリックします

Add to design

Part 10　AI機能とアプリ活用

✦ Tracer

「Tracer」は、画像をSVG（ベクター形式）に変換できるツールです。通常のラスター画像（JPEGやPNG）を、拡大しても画質が劣化しないベクター画像に変換できるため、ロゴやアイコン作成、印刷デザインに最適です。
白黒モードとフルカラーモード（ベータ版）があり、用途に応じた変換が可能です。

① サイドバーの「アプリ」 を開き、検索窓から「Tracer」を検索して選択します。
初めて開く場合は、説明画面が表示されるので「開く」ボタンをクリックします。

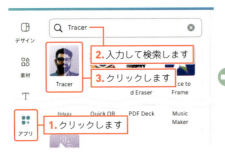

② 変換したい画像をアップロードします。

③ 変換オプションを選択します。白黒またはフルカラー（ベータ版）が選べます。「Trace image」ボタンをクリックして変換を開始します。

294

④ 変換が完了したら「Threshold」(しきい値)で影の濃さを調整して、「Add to design」ボタンをクリックして編集画面に配置します。

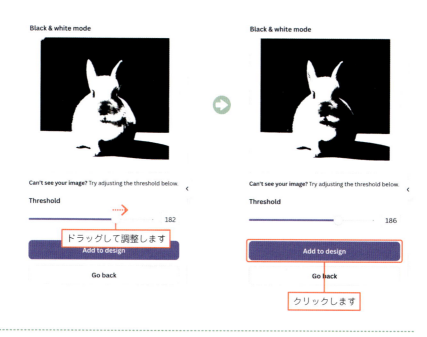

✨ Photo To Sketch

「Photo To Sketch」は、写真を鉛筆で描いたようなスケッチ風イラストに変換できるツールです。ワンクリックで簡単に、手描きのような温かみのあるビジュアルを作成できます。

① サイドバーの「アプリ」 を開き、検索窓から「Photo To Sketch」を検索して選択します。初めて開く場合は、説明画面が表示されるので「開く」ボタンをクリックします。

② スケッチ風に変換したい写真をアップロードします。

③ 「Filter strength（フィルターの強さ）」を調整し、スケッチの濃淡を設定します。

クリックしてアップロードしたい画像を選択します

1.ドラッグして調整します

「Transparent background」にチェックを入れると、背景が透過されます。
設定が完了したら、「Transform to sketch」ボタンをクリックすると編集画面に配置されます。

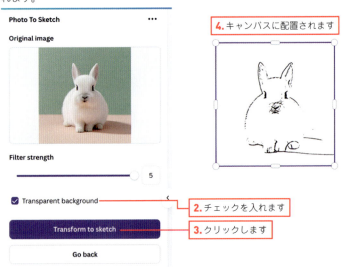

4.キャンバスに配置されます

2.チェックを入れます

3.クリックします

(4) 配置した画像を選択した状態で設定を変更し、「Transform and replace」ボタンをクリックすると、画像が更新されます。配置した画像はアップロードに保存されるため、再利用可能です。

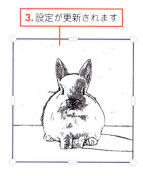

ショートカットキー 一覧

ショートカットキーを駆使して、Canvaをもっと効率的に使いこなしましょう。
覚えておくと時短につながります。

	Windows	Mac
元に戻す	Ctrl + Z	command + Z
やり直す	Ctrl + Y または Ctrl + Shift + Z	command + Y または command + Shift + Z
すべて選択	Ctrl + A	command + A
コピー	Ctrl + C	command + C
ペースト	Ctrl + V	command + V
複製	Ctrl + D	command + D
選択した素材を削除	Backspace または Delete	delete
素材のグループ化	Ctrl + G	command + G
素材のグループ解除	Ctrl + Shift + G	command + Shift + G
素材のロック	Alt + Shift + L	option + Shift + L
ズームイン	Ctrl + +	command + +
ズームアウト	Ctrl + −	command + −
検索と置換	Ctrl + F	command + F
太字	Ctrl + B	command + B
クイックアクション	/	/

	Windows	Mac
テキストを追加	T	T
四角を追加	R	R
線を追加	L	L
円を追加	C	C
定規とガイドを表示/非表示	Shift + R	Shift + R
空のページを追加	Shift + Enter	command + return
縦横比を維持して拡大・縮小	Shift + ドラッグ	shift + ドラッグ
中心から拡大・縮小	Alt + ドラッグ	option + ドラッグ
スナップなしでスムーズに移動	Ctrl + ドラッグ	command + ドラッグ
右クリック	Shift + F10	control + クリック
背面の素材を選択	Ctrl + クリック	command + クリック
再読み込み(リロード)	Ctrl + R	command + R
編集画面(タブ)を閉じる	Ctrl + W	command + W

✦ プレゼンテーションのショートカットキー

プレゼンテーションモードでのみ利用可能なショートカットキー

- B：現在のスライドをぼかす
- C：紙吹雪の雨を降らせる
- D：ドラムロールのアニメーション
- M：マイクドロップのアニメーション
- O：浮かぶ泡のアニメーション
- Q：静寂を演出
- U：カーテンコールのアニメーション
- 0〜9：タイマーを設定
  (例：1は1分、2は2分)

Index

アルファベット

CanBlob	286
Canvaの無料ドメイン	209
Canvaプロ	16, 64, 142
CanWave	290
CMYK	110
DNS	215
Easy Reflections	285
FontStudio	281
GIF	185
Gradient Generator	292
HTMLコード	254
Image Blender	283
Instagramに投稿	89
Mockups	278
MP4	185
Photo To Sketch	295
QRコード作成機能	273
RGB	110
SNSの画像サイズ	88
SVG（ベクター形式）	294
Tracer	294
Waves	288
WebサイトのURL	209
Webサイトの公開	208
Webサイトの再公開と非公開	218
Webサイトの作成	188

あ行

アカウント作成	8
アクセスできるメンバー	248
アップロード	74
アニメーション	180, 108
アニメート	141, 198
移管	215
一括作成	275
色を変更	32, 34
印刷注文	117
印刷物のサイズ	106
インデント	231
埋め込む	229
閲覧リンク	248
エフェクト	58
エリアを選択	55
オーディオ素材を追加する	175
オーディオを分割する	177
オートフォーカス	62
大文字	24
お気に入りに追加	28
お気に入りを解除	30
オフラインプレゼンテーション	153
音声補正	269
音量	178

か行

回転	48
ガイド	112
ガイドをロックする	112
外部リンク	196
改ページ	224
書き出し	114
格言	227
拡大・縮小の切り替え	164
影を追加	59
箇条書き	24
カスタムサイズ	19
カスタムサイズの設定	107
下線	24
カテゴリー別に表示	27
角の丸み	33
カラー	32, 110
カラーコード	110
カラー調整	56
行間	42
共有リンク	249

曲線	45	写真の配置	64
切り抜き	49	写真をきれいに並べる	66
区切り線	224	写真を差し替える	21
グラデーション	71	写真を背景として設定	64
グラフを追加	129	写真をぼかす	62
クリックして表示	144	斜体	24
グリッド	67	シャドウ	59
グリッドビュー	127	図形の挿入	32
グループ化	78	図形をカスタマイズする	50
グループ化を解除	79	スター付き素材	29
罫線	33	スタイルをコピー	85
現在時刻・経過時間	150	スペース	42
検索ボックス	14	スポイト	48, 84
公開閲覧リンク	250	スマホアプリ	12, 76
購入した独自ドメイン	214	スマホからSNSに投稿する	96
小見出し	223	スマホで撮影した写真や動画をCanvaにアップロードする	76
コメント	255	スマホでページを増やす	94
コメントのスレッド管理	256	スライドに直接描き込む	151
小文字	24	スライドの自動再生	149
コンテンツを埋め込む	201	整列	36
		セルの間隔	135

さ行

サイズ調整	32	線	51
差し替え	64	素材の重なり順	39
サードパーティーのドメイン	215	素材の詳細	31
サムネイルをズーム	164	素材のタイミングを調整する	174
参加者ウィンドウ	148	素材を絞り込む	27
シーンの長さを調整する	169	素材を選択する	40
自動おすすめ機能	34		

た行

自動ガイド	86	タイマー	151, 246
自動更新	214	タイムライン	163
自動調整	55	タイムラインのサイズ調整	165
自動トリミング	172	ダウンロード	95
自動ページ番号	137	縦書きのテキスト	24
自分のオーディオファイルを追加する	176	ダブルトーン	60
字幕を削除する	184	チェックリスト	224
字幕を編集する	183	調整（再生位置）	177
写真加工	54	直接投稿	97

提案モード	232
テキストエフェクト	25, 44, 45
テキストツールバー	23
テキストの色変更	24
テキストの配置	24, 42
テキストボックスを配置する	22
テキストを検索して置き換える	140
テキストを追加する	22
テキストを変更する	21
テクスチャー	57
デザインを削除する	15
デザインを作成する	13
デザインを複製する	15
デザインを保存する	21
デスクトップから投稿する	101
点線	51
テンプレート	16
テンプレートのリンク	252
テンプレートを活用して作成	190
動画サイズ	163
動画再生速度	179
動画作成	162
動画の自動再生	179
動画をダウンロードする	185
動的な棒グラフ	131
透明化	82
透明グラデーション	52
ドキュメントの新規作成	220
ドキュメントのダウンロード	234
ドキュメントをWebサイトとして公開	235
独自ドメインを購入	210
ドメイン移管	215
ドラッグして複製	80
トランジション	145
ドリームラボ	270
取り消し線	24
トリム機能	170
トリムマーク	115
ドロップダウンリスト	228

な行

二重袋文字	44
塗り足し領域	113

は行

背景除去	258
背景設定を解除	65
背景を自然にぼかす	62
配置	36
ハイライトカラー	230
ハイライト機能	172
ハイライトブロック	226
白紙から作成	188
肌をなめらかに補正する	63
発表者モード	150
反転	48
日付	227
表示タイプ	128
表（テーブル）	132
表に色をつける	134
表の罫線	135
表を挿入する	132
フィルター	58
フィルター機能	17
フェイスレタッチ	63
フェード	178
フェードアウト	178
フェードイン	178
フォロー	18
フォントサイズの変更	23
フォントの変更	23
吹き出し	50
複数画像で投稿	93
複製	79
付箋	238
太字	24
ふりがな	46

フレーム	66
プレゼン資料	122
プレゼン資料のサイズ	123
プレゼン資料のダウンロード	159
プレゼンテーションウィンドウ	149
プレゼンテーションモード	148
プレゼンと録画	149
プレビュー	204
ページ全体のアニメーション	142
ページタイトル	199
ページ内リンク	196
ページの切り替え	145
ページの順番を入れ替える	246
ページの順番を変更（スライド）	125
ページの順番を変更（動画）	167
ページの分割	170
ページ番号のデザインを変える	138
ページを削除する（スライド）	126
ページを削除する（動画）	168
ページを追加する（スライド）	123
ページを追加する（Webサイト）	191
ページを非表示にする（スライド）	126
ページを複製する（スライド）	125
ページを複製する（動画）	167
ページを増やす	94
編集アクセスのリクエスト	250
ホーム画面	10
ぼかし	61
ボタン	195
ホワイトバランス	55
ホワイトボード	236
ホワイトボードグラフィック	242
ホワイトボードの作成	237
ホワイトボードの図形	241
ホワイトボードのページを増やす	244

ま行

マジックアニメーション	147
マジック拡張	261
マジック切り抜き	260
マジック消しゴム	259
マジック作文	266
マジックショートカット	151
マジック生成	263
見出し	223
ミュート	178
無料ドメイン	212
目立つ投稿を作る	92
メモ機能	150
メンション	256
モバイルアプリから投稿	98

や行

余白	111
予約投稿	103

ら行

ライト	56
リアクション	240
リピート再生	179
リモート操作でスライドを操作	152
リンクの編集	197
リンクボタン	194
リンクを設定する	196
レイヤー	38
レコーディングスタジオ	154
レスポンシブデザイン	206
列	225
録画後の共有	156
録画後の保存	156
録画リンクの共有	157
ロック	80
ロックを解除	81

はに（倉田ともか）Canva公式クリエイター / Canvassador / デザイナー

デザイン会社・広告会社での勤務を経て、フリーランスとして独立。その後、2025年に株式会社ハニークリエイトを設立。Webから紙媒体まで幅広くデザイン制作を手掛ける。

現在はCanva公式クリエイターとしてCanva内のテンプレートデザインを制作。
さらに、日本のクリエイターの中で約10名しか認定されていないCanvaのアンバサダー「Canvassador（キャンバサダー）」として講座やイベントに登壇し、Canvaの魅力を発信している。

講座では、初心者でも「楽しく・簡単に」Canvaを活用できるよう、実践的なノウハウを伝えている。
ムック本『伝わるデザイン』（宝島社）監修。

Instagram
@honey_create

X
@honey_create

公式サイト
https://honeycreate.com

ゼロから学べる！
Canva 簡単＆おしゃれなデザインガイド

2025年4月30日　第1刷発行

著　者　はに（倉田ともか）
装　丁　広田正康
発行人　柳澤淳一
編集人　久保田賢二
発行所　株式会社　ソーテック社
　　　　〒102-0072　東京都千代田区飯田橋4-9-5　スギタビル4F
　　　　電話（注文専用）03-3262-5320　FAX03-3262-5326
印刷所　株式会社 光邦

Ⓒ2025 hani(Kurata Tomoka)
Printed in Japan
ISBN978-4-8007-1344-5

本書の一部または全部について個人で使用する以外、著作権上、株式会社ソーテック社および著作権者の承諾を得ずに無断で複写、複製、転載、データファイル化することは禁じられています。
本書に対する質問は電話では受け付けておりません。
乱丁・落丁本はお取り替え致します。

本書のご感想・ご意見・ご指摘は
http://www.sotechsha.co.jp/dokusha/
にて受け付けております。Webサイトでは質問は一切受け付けておりません。